U0182115

手机摄影与后期处理

王玮莹　杨卉青　姜广海 ◎编著

清华大学出版社

北　京

内 容 简 介

　　本书是"入门与进阶"系列丛书之一,是一本帮助手机摄影爱好者快速、系统地掌握使用手机拍摄并进行后期处理,提高摄影技术水平的摄影图书。本书共分 8 章,循序渐进地讲解了关于手机摄影和后期处理的各项知识和操作技巧,涵盖了手机摄影构图、曝光与对焦、光影与色彩、人物摄影、风光摄影、静物摄影、运动摄影和使用 Snapseed 进行后期修图等内容。

　　本书彩色印刷,案例照片精彩实用,拍摄心得及技法描述通俗易懂。本书提供第 8 章后期案例配套的图片素材文件,两套与本书内容相关的扩展教学视频和 1 本《人像摆姿拍摄便携手册》电子书。本书具有很强的实用性和可操作性,是手机摄影初学者以及希望进一步提高手机摄影技术的读者的首选参考书。

　　本书对应的配套资源可以到 http://www.tupwk.com.cn/downpage 网站下载,也可以通过扫描前言中的二维码下载。

图书在版编目 (CIP) 数据

手机摄影与后期处理 / 王玮莹,杨卉青,姜广海编著 . —北京:清华大学出版社,2021.5

(入门与进阶)

ISBN 978-7-302-57894-9

Ⅰ. ①手… Ⅱ. ①王… ②杨… ③姜… Ⅲ. ①移动电话机-摄影技术 ②视频编辑软件 Ⅳ. ① J41 ② TN929.53 ③ TN94

中国版本图书馆 CIP 数据核字 (2021) 第 061125 号

责任编辑:胡辰浩
封面设计:高娟妮
版式设计:妙思品位
责任校对:成凤进
责任印制:沈　露

出版发行:清华大学出版社

　　　　网　　　址:http://www.tup.com.cn,http://www.wqbook.com
　　　　地　　　址:北京清华大学学研大厦A座　　邮　　编:100084
　　　　社 总 机:010-62770175　　邮　　购:010-62786544
　　　　投稿与读者服务:010-62776969,c-service@tup.tsinghua.edu.cn
　　　　质 量 反 馈:010-62772015,zhiliang@tup.tsinghua.edu.cn

印 装 者:北京嘉实印刷有限公司

经　　销:全国新华书店

开　　本:150mm×215mm　　印　　张:15.25　　字　　数:457 千字

版　　次:2021 年 5 月第 1 版　　印　　次:2021 年 5 月第 1 次印刷

定　　价:99.00 元

产品编号:074669-01

前言 Preface

　　随着手机拍摄功能的日渐强大，目前主流的智能手机基本都能满足人们日常所需的拍摄任务。手机摄影功能的进步是摄影技术发展的一个新的方向。现在手机在任何场合下都可以轻松完成各种主题的拍摄，甚至比数码单反相机更加便利。我们可以直接在手机上处理拍摄的照片，然后非常方便地发微博、朋友圈等，真正做到了动动手指，就可以享受摄影的乐趣。但对于很多手机摄影爱好者来说，要拍摄出精彩的照片并不是一件很容易的事。因此，本书针对手机摄影初学者和手机摄影爱好者，使用简洁、通俗的语言和丰富的配图讲解了手机摄影必须掌握的理论和常用技法以及后期处理方法。

　　本书是"入门与进阶"系列丛书中的一本。本书合理安排知识结构，由理论到实践，由浅入深地讲述了手机摄影的拍摄基础，包括在拍摄时如何构图、合理运用曝光、对焦和光影色彩以及对照片进行后期处理的方法等内容，直观生动地阐述了手机摄影爱好者需要掌握的摄影知识和各种场景的实拍技巧。希望通过阅读本书，使您可以进一步感受到手机摄影所带来的乐趣。

　　此外，本书提供第 8 章后期案例配套的图片素材文件，两套与本书内容相关的扩展教学视频和 1 本《人像摆姿拍摄便携手册》电子书。读者可以扫描下方的二维码或通过登录本书信息支持网站 (http://www.tupwk.com.cn/downpage) 下载相关资料。

　　本书分为 8 章，其中怀化学院的王玮莹编写了第 2、3、7 章，杨卉青编写了第 1、4、8 章，姜广海编写了第 5、6 章。由于作者水平有限，本书难免有不足之处，欢迎广大读者批评指正。我们的邮箱是 992116@qq.com，电话是 010-62796045。

"入门与进阶"丛书编委会
2021 年 1 月

Contents 目录

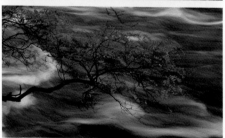

Chapter 06 静物摄影

Chapter 07 运动摄影

Chapter 01

手机摄影构图

构图是摄影的重要环节。手机摄影构图是把场景中的各种元素组合在一个画面中，拍摄者运用手机的性能，把景物、光线等元素根据所要传达的信息，通过丰富的构图表现方式加以呈现。

1.1 摄影构图快速入门

摄影构图是一种创作，是摄影师心灵活动的轨迹体现，它没有固定的、现成的规律。但是作为一种平面艺术，摄影构图却又客观地存在一些形式上的规则。通过构图，摄影师阐述所要表达的信息，把观众的注意力引向他所发现的那些最重要、最感兴趣的事件或景物上去。

1.1.1 构图的基本要素

和所有的艺术表现形式一样，一幅摄影作品由形状、线条、色彩、空间四个基本元素构成。合理运用这四个元素，可以使画面具有生动的视觉效果，从而吸引观看者的注意力，这样就通过作品实现了摄影师和观看者在理念和情感层面的交流和共鸣。

1. 形状

摄影的目的是让人看了作品以后赏心悦目，从而对拍摄者所表现的事物产生好感。一幅好的摄影作品的构图，其形式应尽可能简化。在画面中如果能够很好地运用形状，便可以在简化构图的同时达到赏心悦目的效果。对于摄影师来说，所追求的形状应该是代表被摄主体特征的形状，拍摄时要力求简洁、独特，以突出表现被摄主体形状所具有的独特造型。

利用被摄主体本身所特有的独特造型来组合画面内容可以牢牢抓住观赏者的视线。通过形状的变化，在深入观察与认识后，从复杂的画面中提取有代表性的形象和标志来表达主题。

2. 线条

线条与形状相互关联，线条是具体对象外在的轮廓，同时也是构成画面中视觉形态的元素。在摄影构图中，通过线条的表现使画面引人入胜，按照被摄主体的造型特点补充和强化人们最感兴趣和画面最生动的部分，给人以美的享受。

优美的线条可以构成独特的画面，展现出梯田独有的艺术美感。

　　有经验的摄影师会巧妙地运用不同的线条组合，使作品达到完美的境界，给人以视觉上的冲击力。画面中的线条不仅具有具体、直观的表现力，同时还能给人以想象的空间。作为画面结构的骨架，可以突出具体的形象特征，还可以对主体具有的特殊意义进行表达。线条的合理运用体现在表现形象、组织空间、结构形式、启发感情、人像刻画等多个方面。优秀的摄影作品可通过精心组织的线条来吸引观众的目光。

重复的线条在画面中可以使画面稳定并表现出景深，同时打破这种规律的拍摄对象会一下子引起观赏者的兴趣。

　　线条还可以使画面产生视觉上的均衡感。通过线条的排列组织和分割，可以使摄影构图符合人的视觉平衡；通过线条的聚合和分散作用，可以引导人的视觉去注视画面的主体，从而达到摄影师需要表达与刻画中心思想的真正目的。

优美的线条可以构成独特的画面，展现出建筑的艺术美感。

3. 色彩

色彩是画面构图手段中的重要元素之一。不同的色彩效果表现，可以使照片呈现更多自然的元素。就视觉效果而言，色彩先于形状。因此，色彩构成了观赏者对画面的最初印象。一切视觉感受都是先由色彩和色调产生的，因为色彩直接影响人的情感，所以它成为摄影构图中最具表现力的要素之一。

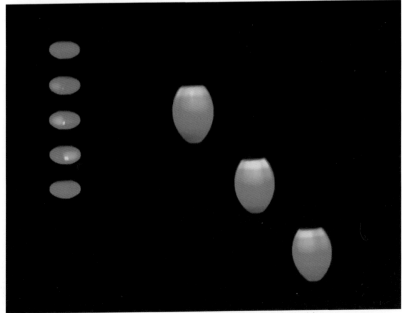

在构图时，使用色彩上的互补、对比，可以借助陪衬体更好地突出主体对象。

在画面中，不同的色彩将画面分割成多个区域，对观赏者的目光起着引导作用。如上图中围绕着树木的不同颜色鲜花组成的花带引导着观赏者的目光移向远方。

浅色的拍摄对象形成的高调画面，可以使画面简洁、干净。

4. 空间

在摄影中，造型艺术又称为空间艺术，即应用构图、透视等造型手段，在一定的空间内塑造直观的主体形象。因此，在摄影中空间感的营造是增强照片艺术效果的手段之一。在拍摄时需要灵活应用远近、虚实等效果来突出画面的立体空间感，使平面的照片更加生动真实。

在画面中，相同的拍摄主体通过形体的大小渐变、虚实的变化营造出环境的空间感。同时，将主体安排在画面的三分之一处，使主体在环境的衬托下更加突出。

在拍摄风景时，摄影师常会利用横构图表现出场景的宽广，同时利用前景中的景物作为参照，以表现出场景的距离和空间感。

1.1.2 构图的基本单位

一张照片，不管内容多么复杂或简单，它内在的构图要素还是点、线、面。线是点的运动轨迹，面是点的周围扩大。在画面中，点线面是相对的，小的面可称为点，宽的线也可称为面。一张照片的构成元素也不见得点、线、面都要具备，最主要的还是要看照片想要表达的思想内涵是什么，再根据画面的主题来进行构成元素的取舍。

通常情况下，天空、地面、水面、墙壁等都可以称为面；路、树干、水纹、建筑物的边等都可以称为线；风景中的人、几片树叶、花朵等都可以称为点。

画面中的任何对象都可以视为点。以蓝天为背景，散布的热气球可以被视为画面中的点。大小不同的点，可以分出画面中的主次、远近关系。

在拍摄建筑时，线条的变化可以表现出其独有的造型美，而色彩的变化，可以更加突出主体。

人文摄影是结合人像和风景的纪实摄影。利用平面的景物和人物互相衬托，摄影师可以拍摄出独具韵味的画面。

1.1.3 构图的基本条件

摄影构图必须面对客观对象。摄影只能在拍摄现场，面对对象进行构图创作。摄影师按动快门，现实中的景物便被定格在画面中。

1. 现场性

摄影构图的现场性也就是摄影构图的"纪实性"。现场性规定了摄影师不能随心所欲地进

行画面布局和景物的描绘。摄影师拍摄的时候要考虑现场景物的众多差异和对比，要考虑景物构成是否能突出主体，并具有观赏性。要表现出现场性，要求摄影师必须具有丰富的生活积累和艺术修养，以及娴熟的摄影技巧。

采用透视线的构图方法，拍摄出日本街道丰富杂乱的一面。

现场性也可以拍摄静止的画面，主要用于拍摄主体的动态或表情。

2. 瞬间性

摄影构图表现拍摄对象在几十分之一秒或几百分之一秒中所形成的变化，这就是所谓的瞬间性。因此，摄影也被称为"瞬间的艺术"。它将人眼所无法察觉的瞬间美表现出来，定型为永恒的美，是摄影最具有魅力的特性。

利用高速的快门可以定格瞬间的变化，这种拍摄方法可以拍摄水滴的运动过程。

对于高速运动中的主体，同样可以使用手机记录下其瞬间的运动状态。如上图中斜线构图的方式，加上高速快门将空中转弯动作很好地在画面上得以展现。

1.1.4　构图的六大要点

一幅成功的摄影作品，摄影师为其取景构图时，应该围绕着主体大胆取舍，善用摄影中的"减法"来处理画面中主体和陪衬体的关系，巧妙、简洁地表现画面的构成。

1. 搭配主体和陪衬体

画面上的主体是用以表达拍摄内容的主要对象，是画面内容的结构中心。因此，摄影师在拍摄时首先要确立主体。主体可以是一个对象，也可以由多个对象组成。而陪衬体是画面中处于陪衬位置的拍摄对象，但它并非可有可无的，在画面上应该与主体形成呼应关系。

主体在画面中占有统帅的地位，在构图形式上起着主导作用。我们可以通过直接和间接的手法来表现主体，在拍摄时首先要考虑主体在画面中位置的安排和比例大小，然后决定与安排陪衬体，并且拍摄时要根据主体的情况对陪衬体加以取舍和布局。

在画面中给予主体最大的面积，最佳、最醒目的位置，从而使主体最引人注目。作为陪衬体的绿叶衬托出草莓主体的红艳。

10

2. 表现虚实画面

　　对于人们的视觉来说，清晰的影像给人的视觉感受特别强烈，虚化的影像给人的视觉感受比较弱。在摄影画面中，由于受景深或者摄影师主观意识等因素的影响，在同一个画面中的景物会显示出虚实的变化。

　　人为地控制画面中各个构成元素的虚实，用虚实相衬的方法来处理画面中的主体和陪衬体关系。

聚焦中景为主体，虚化前景，诱导观众的视觉向前延伸。

3. 均衡画面布局

　　构图的目的是"突出主体、强调主题"，但摄影师也要充分考虑画面布局的均衡问题。因此画面中主体、陪衬体的安排要遵循一定的规则，切忌随意摆放。

　　画面的中心位置往往不是我们通常所说的视觉中心，把主体安排在画面的一侧时，在另一侧就要有一个与之相呼应的陪衬体存在，使画面中的视觉元素达到平衡和完美的状态。

放置在同一斜线上的被摄主体，相似的外观形状，不同的颜色对比，在画面中形成了既对称又对比的构图方式。

4. 处理画面基调

对于一幅摄影作品来说，基调就是画面的明暗层次、虚实对比以及色彩的色相、明度等之间的关系。通过处理这些关系，可以使观赏者感到光的流动与变化。基调的处理好坏是一幅摄影作品成功与否的重要因素之一，不同的基调能产生不同的视觉感受。

在摄影中对于基调的认识与研究，许多方面都借鉴和参考了美术理论中的相关部分，可以将摄影中的基调分为暖色调、冷色调、中间色调及无色调，有些分类规则要更加细致一些，还会细分出对比色调、和谐色调以及浓彩色调和淡彩色调等。

暖色调可以给人以活泼、温暖、舒畅的视觉感受，同时可以强化画面的气氛。暗色调的画面常给人以沉静、雅致的感觉。

5. 表达简洁画面

绘画是"加法"，绘画需要一笔笔的添加来达到画家想要的效果；而摄影则是"减法"，需要从拍摄场景中剔除不必要的元素，使被摄主体免受不相关事物的干扰，以达到画面简洁的目的。利用简约的形式来表现深远的意境，是摄影师追求的目标。

为了达到摄影画面简约的目的，首先要给画面确定一个基调。相对单一的色彩，画面中没有其他杂乱颜色的干扰，会使画面显得更加简洁，如一幅高质量的摄影作品，画面明亮，可以让人感觉赏心悦目。其次，要剔除可能会对被摄主体造成视觉干扰的元素，尽量使画面看起来简洁有序，切忌杂乱无章、不分主次。

简洁的画面中，背景的色彩与主体形成对比，可以使画面表现丰富。背景色彩与主体相似，可以使画面的氛围得以烘托。

6. 表现画面张力

　　画面的张力是观赏者观看照片时最直接感受到的来自画面的过目难忘，又回味无穷的视觉冲击力。要增加画面的张力，除了拍摄题材的独到之处外，还需要在拍摄技巧上下功夫，例如镜头的变化，场景的选择，以及前后景的运用等，以此来抓取事物变化过程中的"决定性瞬间"，使画面产生吸引眼球的张力。

"蓝色水纹+黄色头发"强烈的色彩和动静对比，产生极大的视觉张力。

1.2　常用的拍摄手法

　　使用手机拍摄前，拍摄者需要注意选择适合拍照环境的视角，以及常用的取景方式。

1.2.1　常用的拍摄视角

　　使用手机拍照时，拍摄者可以采用多种多样的拍照姿势，领略不同视角的风景。下面介绍常用的拍摄视角。

1. 俯拍

　　通常来说，俯拍是摄影师从一个高的角度从上往下拍摄，即拍摄的视角在物体的上方。这种拍摄视角能够很好地表现物体形态，适合拍摄宽广宏伟的场景。例如站在山顶、高楼、天桥等比周围景物更高的地方进行拍摄。下图为在天桥上拍摄的街景。

　　高处俯拍的景色往往缺少明确的主体和明显的层次，拍摄者构图时可以将地平线和天空收入画面，使其在不同的情景中有不同的显示效果。

俯拍还常用于自拍中，常见的抬头45°角的自拍方式，可以使自拍者的脸显得更小。

2. 平拍

平拍是指拍摄点和被拍摄对象处于同一水平线上，以平视的角度拍摄。使用平拍视角所拍摄的照片效果接近于人们的视觉习惯，形成的透视感比较正常，不会将被拍摄对象因为透视原因产生变形扭曲的状况。平拍应该是摄影中最为常见，应用最广泛的拍摄视角。

肖像照片，运用平摄角度居多数。凡是人物面部结构比较正常的，通常应采用平拍角度，它可以使五官端正的脸型得到较好的表现。这种角度所拍摄的人物肖像，容易引起与观众之间的情感交流，给人一种平易近人的感觉。

3. 仰拍

运用低角度仰拍产生的效果和高角度俯拍效果正好相反，由于拍摄点距离主体底部的距离比较近，距离被拍摄主体顶部较远，根据远小近大的透视原理，低角度仰拍往往会造成拍摄对象下宽上窄的透视变形效果，如下图所示。

仰拍主要能强调拍摄对象高大的气势，往往给画面带来威严感。除此以外，仰拍还能起到过滤画面，净化背景等作用。

对于一些特殊的拍摄对象，比如飞翔的鸟，仰拍是获取最佳效果的拍摄角度。

1.2.2　常见的取景方式

　　取景决定着拍摄者对主题和题材的选择，也决定着画面布局和景物的表现。根据拍摄距离的不同，取景通常分为远景、中景、近景和特写4种取景方式。

1. 远景取景

采用远景取景，拍摄者能拍摄到最大的场面，拍摄距离也最远。远景常用来表现自然景物或较大的场面及人文景观，其画面重点是浩大的场面。

手机摄影采用远景取景。

2. 中景取景

中景拍摄的重点是主体本身，环境退居次要，成为主体的陪衬。使用中景取景时，拍摄者要分清主次轻重，避免陪衬体喧宾夺主，注意将主体和陪衬体放置在画面的不同位置，明确其相互的地位。

手机摄影采用中景取景。

3. 近景取景

近景能更强地表现主体本身，画面中只有主体，没有陪衬体，也没有前景、背景。让观看者对主体本身产生强烈的印象。

手机摄影采用近景取景。

4. 特写取景

特写取景注重主体的局部和细节，用来细致描述被摄主体，从细微处抓住对象的明显特征。特写是离被摄对象最近距离的拍摄，强化视觉效果，使观看者产生强烈的视觉心理效应。

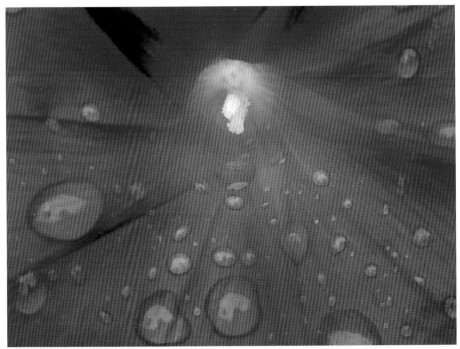

手机摄影采用特写取景。

1.3　经典构图规则

　　摄影构图的方法虽然来自绘画技法，但经过拍摄者们多年的实践，也被总结出了一些基本的构图规则。对于摄影初学者而言，应利用这些基本的经典构图规则多做构图练习。

1.3.1　中央式构图

　　中央式构图是将所要拍摄的主体放置在画面的中心位置，以起到突出被摄主体的效果。中央式构图可以加强主体的存在感。

　　中央式构图中的主体给人以强烈的印象。中央式构图适合拍摄以树木和花草为主体的照片，其基本要点在于将拍摄主体置于画面中央，或使主体稍微偏离一点中心。

手机摄影与后期处理

中央式构图的目的是突出拍摄主体，防止形成形式呆板的构图方式，一定要处理好与被摄主体相呼应的陪衬体的位置关系及色彩搭配，避免出现主体孤零零地出现在画面中央的现象。

1.3.2 黄金分割法

黄金分割法构图是摄影构图的经典构图规则，许多基本构图规则都是在其基础上演变而来的。但在实际的拍摄过程中，我们不可能都严格地按照黄金分割法来进行拍摄。在掌握基本的规律后，还需要拍摄者根据拍摄对象的自然形态及拍摄环境等因素，通过自己的判断灵活运用。

所谓的黄金分割法是古希腊人认为最符合美感的比例。黄金分割法的分割原则：将一条直线分割成长短两段，要求达到短线与长线之比等于长线与全线之比。也就是短线：长线、长线：全线的比例都为0.618：1。在拍摄照片的时候，采用黄金分割法构图可以使画面更加稳定、和谐，使拍摄的主体得以强调突出。

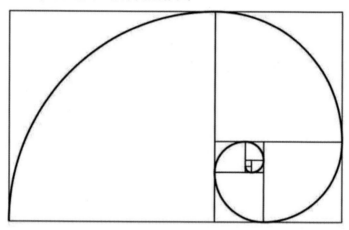

把拍摄主体放在黄金螺旋绕得最紧的那一端(起点)，能更好地吸引住观看者的视线，整个画面看着协调，更具有视觉冲击力。

在拍摄照片时，将主体放置在画面的中央可以起到很好的强调作用。但是这种拍摄方法缺乏变化，千篇一律过于单调。拍摄者如果使用黄金分割构图法进行构图，则可以更好地利用背景衬托画面中的主体，而将拍摄的主体放置在黄金分割线的交点处，可以起到强调的作用，达到更好的构图效果。

1.3.3 九宫格构图

由于黄金分割法较为复杂，又不易快速掌握，因此，一些摄影师常采用一些简化的构图规则来替代黄金分割法构图。九宫格是现在比较普遍的构图方式，类似于中国古代八卦九宫图，横竖三等分，形成9个方块，其中4个交叉点就是视觉中心点，裁剪构图的时候，把主题展现的事物放在交叉点上。

九宫格构图又称为"井"字形构图，是根据黄金分割原理得到的一种构图方式，即将被摄主体放在"九宫格"交叉点的位置上，使整幅画面显得既庄重又不拘谨，而且主体形象格外醒目，"井"字的4个交叉点就是主体的最佳位置。通常情况下，右上方的交叉点位置最为理想，其次为右下方的交叉点位置，因较符合人们的视觉习惯，使主体自然成为视觉中心，能突出主体，并使画面趋向均衡。但不应太过受限于规则，还应该考虑平衡、对比等因素，力争使画面呈现动感与变化，使整个画面充满活力。

在拍摄对称物体时，九宫格可以更好地发挥它作为参考线的价值，找准中线，而不用看画面的两边作为拍摄的参考，同样，能够让我们快速地查看到我们在拍摄时，手机是否端平，避免在前期拍摄出现一些细节上的问题。

1.3.4 对称性构图

对称性构图可以拍摄具有对称结构的对象，也可以巧妙借助其他介质，如利用水面、玻璃等反光物体，形成上下对应、左右呼应等对称构图。这种构图方式常常用来拍摄建筑以及镜面中的景象或者人物等。

对称性构图的画面给人的感觉往往是稳定，画面各元素之间讲究呼应关系，达到一种均衡的视觉效果。对称是中国传统建筑等艺术形式普遍追求的结构形式，具有平稳、庄重、严谨的"形式美"，但是对称结构也有单调、缺少变化等方面的不足，采用这种构图方式，应该在平稳中求变化，在变化中取得对称。

对称式构图还可以用于拍摄水景，其取景画面的上下或左右两侧的对称效果如镜子般准确。上下对称式构图，广泛应用于日出、湖水及江河水面风景倒影的拍摄，可以表现肃静感、精美感以及梦幻感。

1.3.5 线的构图

　　线条具有延伸、引导视觉方向的特性，不同的线条类型会给人不同的心理感受。自然界中有许多景物都具有线的形式，如蜿蜒的小路、河流、田埂等。但在构图中，线条不一定具有具体的形态，有时也可以是假想的线，如模特的视向、两点间的距离等。摄影师可以利用这种不存在的线条来制造不同的视觉感受。

1. 水平线构图

　　水平线构图是最基本的构图方式。水平线构图给人以稳定、永恒和宁静的感觉。这种构图可以表现出画面的宽广性和延伸性，适合用于拍摄大幅画面，以表现整体的稳定感和宁静平和的环境氛围。在构图时，水平线的位置不同，照片给人的印象也会不同。因此，事前明确拍摄意图是非常重要的。

拍摄景物大多使用水平线构图，尤其是具有反光面倒影的景物。水面反射的对称景色突出表现了静寂之美。

2. 垂直线构图

与水平线构图一样，垂直线构图也是一种重要的基本构图方式，能够有效地表现出画面的垂直延伸感。使用垂直线构图的画面，主导线通常以由上向下延伸的竖线形式展示，给人以雄伟、笔直的感觉。因此，垂直线代表了力量、强大和稳定，在画面中规则地安排若干条垂直线或者粗细长短不一的垂直线，表现效果都会非常不错。垂直线构图主要用在建筑、瀑布或树木等的拍摄中，着重表现拍摄对象的造型美。

拍摄树林题材时，常使用直线构图。借助树木笔直的线条，可以很好地展现画面纵深感，同时也表现了树木的生长状态。

3. 对角线构图

对角线是画面中最长的一条直线。对角线构图就是把被摄主体放置在画面的对角线上。使用对角线构图会使画面产生一个方向性的动感，使画面更加活跃，产生一种形式上的美感。这种方式构图的画面往往使被摄主体充满了整条对角线，利用色彩和形状上的反差来强调被摄主体。另外，对角线将画面漂亮地分成了两个部分，也可营造出安定感。

对角线构图是一种导向性很强的构图方式，它将主体安排在对角线上，能有效利用画面对角线的长度，同时也能使陪衬体与主体发生直接关系。因为最长的对角线可以将欣赏者的目光明显地引向某事物，引导人们的视觉到画面深处，所以对角线构图的优点是富于动感，显得活泼，容易产生线条的汇聚趋势，吸引人的视线，达到突出主体的目的。

树的纹理贯穿画面形成了对角线，使画面感觉稳定。而将红叶作为视觉中心，打破了画面的稳定，增加一份活泼感。

4. 折线构图

折线构图是一种具有不确定感、活泼感和动感的构图形式。向上向外扩张的折线构图有强烈的不稳定的感觉，但是相反方向的折线构图，又有集中的意味。

江水两岸的山脉在画面中形成了V字形的折线，如刀砍斧劈似的山脉表现出了一种稳定、有力的气势。

5. 放射线、汇聚线构图

放射线构图是以主体为核心，景物向四周扩散的一种构图方式。汇聚线构图则是由画面中陪衬的景物成汇聚状指向主体的构图方式。这两种构图方式都可以产生强烈的运动效果，但放射线构图给人感觉更加活泼，富有律动感。

使用放射线构图方式拍摄风景或建筑，可以很好地表现出画面的空间感、纵深感。

6. 曲线构图

当照片中融入曲线时，会给人一种优雅、沉稳的印象，同时又能表现出柔和、流畅的动感。曲线构图一般以蜿蜒的河流、迂回向前的道路为表现对象，以曲线的形态从前景向中景和后景延伸，以增强画面效果的生动感、纵深感和空间感。

曲线象征着浪漫、优雅的美感。右图这张照片用曲线构图表现了水流的蜿蜒，呈现自然环境的美感。曲线构图应用较为广泛，人像摄影中利用曲线构图表现人体的曲线美。曲线构图的形式多种多样，规则或不规则的曲线都可以利用到摄影构图中。

1.3.6 面的构图

除了使用画面中的点、线进行构图外，还可以借助拍摄对象的形状，或是颜色区域的划分进行构图拍摄。常见的形状包括三角形、方形、圆形等，借助这些形状进行拍摄构图，能够使画面视觉感更强。

1. 三角形构图

三角形构图是常见的面构图方式，通常以景物的形态或位置来形成三角形的视觉中心。这种构图方法常用于拍摄山景或建筑风景，可以很好地表现主体对象的稳定、坚实和有重量感的视觉效果。

利用三角形构图法拍摄雪山，将其作为画面中的主体，吸引了观赏者的视线。侧光的照射增强了山体的立体感和质感，丰富了画面的内容。

2. 圆形构图

圆形构图可以为画面增加运动的联想，而圆形在画面中一般是由拍摄对象自身形成的。同时，圆形构图可以在画面中产生饱满充实、柔和的效果。合理地应用圆形构图，可以展示更加丰富多彩的艺术效果。

向日葵的特写镜头通过其特有的形状结构，将观赏者的视线引向画面中心，画面节奏明快。

3. 矩形构图

矩形构图也称为框架式构图，一般多应用在前景构图中，如利用门、窗等框架结构的物体作前景，使观赏者的视线集中于框架内的被摄主体，以此来突出表达主体。矩形构图适用不同题材，它具有视觉上的引导效果，透过框架来构成画面能够使观赏者的视线更为集中，能让作品呈现出与众不同的画面效果。

矩形构图通常给人以对称、稳重的视觉美感，但它也会因其缺乏变化，而显得单调、呆板。因此，拍摄者在采用矩形构图时，应更多地关注细节，及其在画面中所占的比例来调和画面效果。

矩形构图不仅可以用于拍摄中规中矩的被摄对象，还可以用于简化繁杂背景，突出主体。如在右图中，使用窗户作为框架，将植物形象突出在画面中央，画面简洁干净。

1.3.7　棋盘式构图

棋盘式构图方式的特点就是被拍摄对象散落地分布在一定的范围内，类似于棋盘上的棋子一般。这种拍摄方式被广泛使用，是拍摄野生花草、群落等景物的最有效的方法。这种构图方式一般要求拍摄角度较高，以俯拍的方式来体现被拍摄对象，用以体现整体状态和气势。这时的被拍摄对象是以整体方式存在的，而不是单个个体，体现的是物体的一种分布和存在状态。

以这种形状的重复为主题来构图，不仅能产生韵律感，而且会为画面带来和谐的统一感。将手机位置放低，拍摄出鲜花盛开的画面。

1.3.8　远近式构图

远近式构图法是与绘画中的远近法相似的构图方法，在展示前景的同时将远处的背景也纳入画面中，以展示丰富的画面内容，表现空间的远近感和立体感。这是一种可以营造出富有景深空间感的构图。

用低角度拍摄，将远景中的景物以虚化的状态纳入画面，既可以点明主体所在环境，又可以丰富画面内容，表现出空间感。

1.3.9 留白式构图

留白，从字面上理解，就是指留有空白，在艺术表现中，体现为一种画面的布局章法。摄影的留白是借用中国画中留白的概念，并有所延展。

留白是摄影构图中很常用的方法，留白能够让画面变得更加简洁，重点突出画面中的主体，以营造简洁、意境丰富的画面，留白其实也是减法构图的一种方式。

在一幅画面中，当背景大面积留白时，画面的意境就会得到凸显，简洁不失主题，单调却富有韵味，画面会很耐看。

曝光和对焦是摄影的关键所在。准确、适当的曝光与对焦，能够保证照片的质量，对于手机摄影来说，曝光和对焦是重点也是难点，通过丰富的构图表现方式加以呈现。

2.1 曝光的操作

拍摄照片通常都要求准确曝光，按照摄影师的拍摄想法正确反映被摄景物的影调范围。否则，照片就可能会出现整个画面偏暗，暗部的细节模糊不清等曝光不足的问题，也可能会出现整个画面偏亮，亮部区域变成一片白色，缺乏层次感的曝光过度的问题。曝光是有规律可循的，了解并懂得如何应用曝光，我们就能够在拍摄时得到想要的效果。

2.1.1 认识曝光

曝光值简称EV，用于衡量相机感光元件的曝光量，也就是说，照片的曝光程度由曝光值来衡量。曝光值由光圈大小和快门速度共同决定，一旦光圈大小和快门速度确定了，曝光值也就确定了。

为了更直观地理解光圈、快门与曝光的关系，我们常常使用杯子接水来做形象的比喻。杯子在水龙头底下接水时，假设水龙头开一半，需要40秒钟装满一杯水，那么水龙头全开只需要20秒钟就可以装满。也就是说，装满同一杯水，水龙头开得越大，需要的时间越短；水龙头开得越小，需要的时间越长。

光圈、快门与曝光的关系与此相同。装满一杯水表示照片准确曝光，水龙头开关的大小表示光圈大小，接满水杯的时间表示快门速度。想要获得同样的曝光效果(装满一杯水)，水龙头开得越大(大光圈)，需要的时间(快门速度)就越短；水龙头开得越小(小光圈)，需要的时间(快门速度)就越长。也就是说，使用不同的光圈和快门组合，能够达到同样的曝光效果。

1. 曝光值参照表

曝光值取决于光圈和快门，光圈控制进光量的多少，而快门控制曝光时间的长短。那么，光圈与快门到底是怎么相加成曝光值的呢？曝光值以感光度为ISO100为标准进行定义。当光圈系数为f1、曝光时间为1s时，曝光量定义为0。其后，快门时间减少一半，EV值增加1；光圈缩小一档，EV值也增加1。按照这样的规则，我们计算并整理了一张曝光值参照表。这样，一旦确定了光圈和快门组合，就可以直接查到相应的EV值；也可以根据EV值，快速查找哪些光圈和快门组合能够符合要求。

曝光值参照表

EV 值	+1	+2	+3	+4	+5	+6	+7	+8	+9	+10	+11	+12
光圈	1.4	2.0	2.8	4.0	5.6	8.0	11	16	22	32	45	64
快门	1/2	1/4	1/8	1/15	1/30	1/60	1/125	1/250	1/500	1/1000	1/2000	1/4000

2. 曝光值与ISO的关系

曝光值是以感光度为ISO100为标准进行定义的。如果ISO发生变化，EV值也会随之增减(用户可以参照下表)。以ISO100为标准，感光度ISO每提高一级，EV值增加1；感光度ISO每降低一级，EV值减小1。

ISO对EV值的影响

EV值	+1	+2	+3	+4	+5	+6	-1	-2
ISO	200	400	800	1600	3200	6400	50	25

2.1.2　调整ISO(感光度)

　　ISO(感光度)是对光的灵敏度的指数：感光度越高，对光线越敏感，适合拍摄运动物体或在弱光环境下拍摄；感光度越低，图像噪点减少，画质更高，但对光线要求就越高。

　　ISO(感光度)可以随时根据拍摄环境和光线的变化更改设置，除了常用的ISO100~400外，更有ISO800~3200的超高设置。使用智能手机的最大优势就是能够灵活应用高感光度拍摄。高感光度能间接提高快门速度，避免影像模糊。遇到光线比较暗的拍摄场景时，利用高感光度确实能增加拍摄的成功率，但是使用高感光度的同时必须考虑噪点问题。

　　在不使用闪光灯的情况下要拍摄出效果好的照片，需要通过调节ISO参数来实现。不过如果提高ISO感光度，会使照片的颗粒感变得严重，这需要拍摄者根据当时情况灵活使用。

　　一般来说，手机的ISO模式会采用自动模式(AUTO)，不过摄影师可以在相机ISO设置界面进行感光度设置。我们以HTC U11手机为例，打开相机，点击‖按钮打开滑出式菜单，滚动菜单可查看可用的拍摄模式，选择【专业相机】模式，如下图所示。

　　然后点击ISO按钮，如果原来是AUTO模式，此时出现数值条，拖动其滑块进行调整，这里可以看出HTC U11手机的ISO值范围是100~1800。

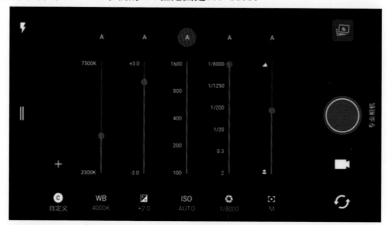

　　通常ISO值越低，画面越纯净、细腻；ISO值越高，画面上越容易出现噪点和杂色。不同品牌和型号的智能手机在高ISO设置下画质表现不一，越新型、越高级的机型，对噪点和杂色的抑制能力越强。

手机摄影与后期处理

我们选择HTC U11手机，进入【专业相机】模式，首先设置快门为1/50s，然后调整滑块设置ISO值。

可见光都是一种电磁波，有不同的波长和频率。快门超过1/60~1/80s之后，在荧光灯下容易出现闪烁条纹光，所以在这里选择设置快门为1/50s。

使用ISO100拍摄时，可以看出画质细腻但光线比较暗淡。使用ISO800拍摄时，相同的位置出现了大量噪点，画面变得高光过亮。

ISO数值越高说明感光材料的感光能力越强。但不是感光度越高，拍摄效果就越好。和传统相机一样，低ISO值适合拍摄清晰、柔的画面效果，而高ISO值可以补偿光线不足的环境。

ISO100

ISO800

2.1.3 选择测光模式

无论使用什么样的模式拍摄，都要依靠合适的光圈和快门速度的组合来达到一个正确的曝光量，这样画面上的影像才不会有过亮或过暗的现象产生。因此，测光方式的选择就显得格外重要。

目前，手机相机都具备自动测光的功能，所谓测光，就是测量拍摄现场的光线强弱，然后相机依据所测得的光线强弱调整光圈和快门，以拍出明暗适度的相片。手机相机的测光原理并不复杂。所有的相机在测光过程中，会将所见的所有物体都默认为反射率为18%的灰色，并以此作为测光的基准。手机相机的测光系统工作时，要看被摄体的反射率是否为18%，如果是，那它测量出来的数值就十分准确了，按此数值曝光，被摄体的色彩和影调就会得以真实还原。所以对我们的皮肤、平常的色彩斑斓的景物来说，这种以灰色基调为还原标准的曝光是非常准确的。

如果被摄体的反射率不是18%，那么相机测光系统测量出来的数值就不准确，若直接按此数值曝光，画面的影调和色彩就会出现失真。像拍摄白茫茫的雪景、黑漆漆的山脉，相机也把它们当作灰色来还原，直接对着它们测光聚焦，往往会拍出灰蒙蒙的画面。

所以，我们在拍摄前需要先选择合适的测光模式。手机的拍摄设置里一般有3种测光模式(手机不同，称呼也有区别)。

1. 矩阵(平均)测光

测光系统将整个画面分成多个区域(不同的手机划分的形状、方式不同)，并依主体所在，决定每个区域的测光加权比重，全部衡量后，决定曝光值。用矩阵测光模式拍摄的影像，曝光一般都是较为准确的。如果从显示屏上观看，画面有过亮或过暗的情况时，可增减曝光补偿量，以获得更准确的曝光。逆光环境下拍摄时，必须注意逆光区域在画面中所占的面积。如果逆光拍摄人像照片，相机在测光时就会把大面积的亮部范围算入曝光条件中，导致面部肤色过暗，拍摄时可在人物前方运用反光板来平衡明暗，或是增加曝光补偿，以便获得理想的曝光效果。

2. 中心重点(权重)测光

测光偏重中央，其余画面予以平均的测光。这较适用于人像写真。中央面积的多少因相机不同而异，一般占全画面的20%～30%。在微逆光的环境中，逆光区域不太影响构图时，使用中心重点测光模式比较容易获得曝光正确的画面。

矩阵测光是对整个画面区域测光，画面中背景的亮部区域也被算入了测光区域，因此整个画面曝光均匀。只要场景的反差不要过于极端，通常用矩阵测光的结果来拍摄都能得到不错的明暗表现。

中心重点测光也是将整个画面的亮度都纳入曝光值的运算，只是位于中央的部分会给予相当大的比重，所以中心重点测光主要是以画面中央的亮度来决定整张影像的曝光值，这种做法可以确保中央部分正确曝光，但其他区域则可能会出现过暗或过亮的情况。

3. 点测光

测光区域限定于画面中央的位置，点测光适合用于背景非常明亮或是非常暗的状态下。利用这种模式测光，最大的优点就是，即使在背景很亮或很暗的时候，也能确保被摄主体正确曝光。不过在逆光环境下，虽然解决了主体过暗的问题，但是背景也会相对变亮，而产生背景过曝的情况。

点测光是高级玩家爱用的测光模式。高级玩家总是喜欢挑战高反差、逆光、晨昏等摄影主题，对所需要的曝光水准，也有自己的一套看法，利用点测光模式，能分别测定拍摄画面中不同区域的亮度。

点测光以中央一小块范围的亮度来决定曝光值，其他部分的亮度则忽略不计，所以点测光可以精准地测得该区域的曝光量。但点测光一定要测对地方，否则可能出现只有中央一小部分曝光正确，其余部分则严重曝光过度或不足的情况。

2.1.4　曝光补偿

手机的默认测光模式一般都是中心重点测光。它只能通过整个画面的曝光计算出一个相对可靠的平均值来作为曝光依据。但是有时这种曝光计算方式并不可靠(例如在黑暗的房间里拍很亮的窗外，窗户就会是一片白光，看不清窗外有什么)，我们必须对手机的曝光进行手动干预，才能得到满意的效果。

手机中的相机一般都有"曝光补偿"功能，曝光补偿也是一种曝光控制方式，其主要作用是修正曝光值。一般来说，曝光补偿范围介于±2EV之间，并以1/3EV为间隔来进行增减。虽然调整幅度有限，但对于大多数场景的曝光修正来说，已经绰绰有余。在高反差、逆光及光源较为复杂的环境下，其补偿效果会比较显著。因为在上述环境较容易拍出曝光过度或曝光不足的影像，这时就必须通过曝光补偿功能来进行修正。但不管增减EV值多少，建议曝光补偿的调整范围以±1EV为极限，这样才能达到曝光补偿的效果，且不会因此而失去影像原有的细节层次。

对于摄影师来说，如何应用曝光补偿需要一定的经验积累。曝光补偿的第一原则就是"白加黑减"。所谓"白加"是指拍摄白色或浅色物体时要增加曝光量。通常拍摄白色物体，或白色、浅色物体所占比例较大时，都需要在相机自动曝光的基础上增加一至两档曝光补偿。所谓"黑减"是指拍摄黑色或者深色物体时要减少曝光量。

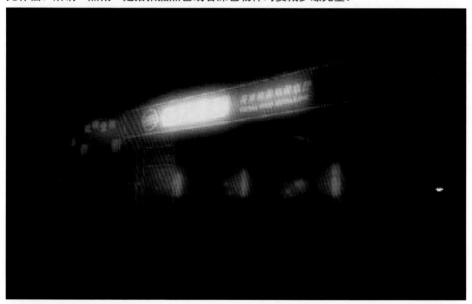

该图为正常曝光模式下拍摄的照片，由于画面中大部分面积都处在暗处，手机的自动测光系统为了得到足够的曝光，自动增大感光度，延长快门时间。这就造成曝光过度，照片拍虚，噪点增加，而且灯光等高光部分溢出，整个画面既不清晰也没有质感。

上图中我们要拍摄的主体实际上是餐厅以及牌匾的霓虹灯，而暗光处的环境不是我们拍摄的重点，不用考虑。上图的主体区域曝光明显是溢出的，所以我们利用曝光补偿功能，将曝光量降低2档。降低曝光之后，我们得到了下图照片。主体清晰可见，整个画面没有发虚的现象，而且由于高感光带来的噪点也明显减少了。

曝光补偿的第二原则是"亮增暗减"。所谓"亮增"是指前景、背景非常明亮并且占较大面积时，需要用正补偿增加曝光量。如在背景为明亮的天空或水面等亮度较高的场景中拍摄时，相机的测光系统会误认为拍摄环境很亮而自动减少曝光量，结果导致画面曝光不足，明显偏暗。"暗减"是指背景很暗并且占较大面积时，需要用负补偿减少曝光量。

画面中景色明亮，相机的测光系统会自动减少曝光量导致画面灰暗沉闷。用正补偿增加曝光量可以弥补相机自动测光的错误判断。

2.2 运用快门

快门是一种控制光线在一段时间里照射胶片的装置。一般而言，快门的时间范围越大越好。使用不同的快门速度既可以拍摄画面中运动的主体对象，也可以拍摄对象的运动轨迹。另外，快门速度还用来控制曝光，快门速度越快，光圈和ISO不变的情况下画面就越暗，反之则画面越亮。

2.2.1 快门的作用

为了保护相机内的感光元件不被曝光，快门一般处于关闭状态。设定好快门速度后，只要按下相机的快门释放按钮，相机会在快门开启与闭合的时间内，通过镜头的光线使相机内的感光元件获得正确的曝光。快门的运转有些像一对卷轴式的窗帘。首先，第一幅帘拉起，快门打开并允许光线照射胶片。然后，当预定的曝光结束之后，第二幅帘跟随第一幅帘运动并阻挡住光线。

快门控制镜头打开透光的时间。调整快门主要起两方面的作用。一方面是控制曝光量。如果快门开合的时间较长，相对的进光量就比较多；反之，快门开合的时间较短，进光量就比较少。另一方面是表现动态或静态的视觉效果。

凝固动感画面

高速快门通常用来凝结瞬间的动作，只要快门速度够快，无论移动速度多快的物体，都能定格在画面中。快门速度取决于现场环境的光线、光圈和感光度，在无法改变现场环境的条件下，我们只能通过放大光圈、提高ISO值来提升快门速度。

1) 记录运动轨迹

使用高速快门来拍摄主体，让画面看起来仿佛停止一般，但这种静止的感觉并非适用于每个场合，有时使用低速快门让影像呈现出流动感，更能突显画面的热闹或者生机勃勃。其实，低速快门就是延长曝光时间，当被摄主体是移动的物体，在画面中就会出现残影。例如在拍摄城市夜景时，就可以用低速快门来拍摄路上的车流。由于曝光时间变长，移动的汽车在画面上拖曳出各式各样彩色的线条，让平凡的景色呈现出热闹动感的一面。不过，需要注意的是，曝光时间变长，画面中产生的噪点也会相对增加，拍摄时建议开启降噪功能，以保持画面的细腻度。如果我们想要记录夜间的车流、溪水的线条，就必须使用慢速快门长时间曝光。

2) 控制曝光量

快门速度还有一个重要的功能，就是控制曝光量。快门速度越慢，进入到相机感光元件的光线就越多，照片就会比较亮；快门速度越快，进入到相机感光元件的光线就越少，照片就会比较暗。

2.2.2　长曝光拍摄

长曝光是一个摄影术语，是一种在摄影中选择慢快门(曝光时间长)从而达到特殊摄影效果的摄影方法。该方法可以把光线暗的景色拍得清晰，也可以拍出如梦幻般的画面，比如瀑布、云朵、车轨、光绘、夜景和星轨等。

现在的智能手机相机基本都有控制快门的功能，拍摄者只要准备一个三脚架，一条快门线，拍摄之前请确保手机有充足的电量，即可进行长曝光拍摄。

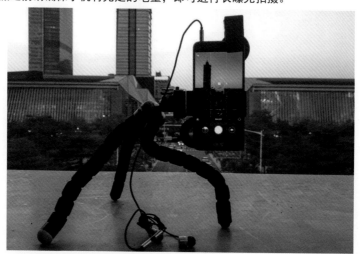

拍摄夜景时，一个稳固的三脚架是非常重要的。通常使用长曝光功能进行拍摄时，如果三脚架不够稳固，拍出来的照片就会模糊。另外，使用快门线是必不可少的，防止拍照时因触摸手机快门而导致画面抖动、模糊。

手机摄影与后期处理

　　打开相机后，白平衡、对焦和快门时间都默认为自动。通常为了提高拍摄质量，我们会直接把感光度ISO设置成100进行拍摄。根据实际情况，设置不同的快门时间，拍摄不一样的作品。

　　拍摄水流时，曝光时间不宜太长，一般1秒即可，否则容易过曝。使用减光镜或者借助第三方带有电子光圈功能的App进行拍摄，效果更佳。

　　拍摄车流轨迹时，机位的选择很重要，一般选择在路边、天桥或者高处进行拍摄。为了拍出一张有长长的车流轨迹的照片，我们需要把快门调得更慢，建议优先使用快门8秒拍摄，然后再根据实际情况适当地调整快门时间。

拍摄云朵、朝霞、晚霞时，使用长曝光拍摄能抓住光线的明暗之分，细致地体现光影之间的美，该照片中设置了2秒的曝光时间。

2.3　对焦的技巧

焦点通常是画面的主要内容所在的位置，正确对焦才能清晰表现构图所要呈现的画面。因此，正确对焦对于照片质量来说尤为重要。

2.3.1　景物对焦

当手机镜头对准景物的时候，手机屏幕上会出现一个方框，这个小方框的作用就是对其框住的景物进行自动对焦和测光。

比如当镜头靠近一朵花，我们点击手机屏幕上方框里的花朵，屏幕上就会出现花朵为实的前景，后面大片为虚的背景。

花朵为实的照片，重点突出，以花衬花，有效弥补了取景的局限，构图也比较好控制，照片有空间感和延伸感，有景深效果。

对焦是摄影的重要因素，对照片质量的影响不亚于曝光。一张对焦准确的照片会突出主体，并避免照片整体模糊。

2.3.2　焦光分离

焦光分离通常用于光线明暗对比强烈的场景，通过分离焦点和测光点使画面最接近真实场景。

通常拍照时，我们只能选择一个对焦点，比如给一位美女拍照时，焦点自然是在她的脸上，而不是在她身后的树上，这样能保证拍出来的照片人物的脸部能达到最大程度上的清晰，而以前的智能手机的测光方式，都是根据对焦点所在位置的光线强度来进行测光，也就是所谓的"焦光不分离"。

但有些时候的场景，需要用到焦光分离的技术。目前大部分智能手机都支持这个功能，不支持这个功能的智能手机可以通过第三方拍照软件来实现这样的功能。

比如要拍一个孩子的逆光照，如果我们用"焦光不分离"的手机去拍，对着小孩的脸部对焦和测光，由于她的脸部明显偏暗，因此手机会自动提升照片的亮度，最后拍出来可能是上图这样的效果。

给人物拍照片时会遇到逆光的效果，这时新手很容易拍出两种极端情况，照片拍出来一片白或者直接拍成了剪影的效果，这都是因为手机的测光方式出了问题。

如果用"焦光分离"的手机去拍摄这种照片，只需要将焦点对准孩子的脸，而把测光点选择在其他物体上，那么将会得到一张曝光准确的照片。

2.3.3 静物和动态对焦

　　静物摄影的变化极少，所有的状况由摄影师控制，需要摄影师创造性地捕捉静物的特点。对焦是摄影师所关注的首要重点，因为一旦对焦失误，很容易影响显示主体，无法表达摄影师的拍摄理念。

该静物照片对焦在木马头上，对焦准确、清晰。

　　运动的主体是常见的拍摄主体，想要呈现清晰的动态主体，够快的快门速度和精准对焦是不可或缺的两大要素，再加上妥善发挥手机相机的性能，即可轻松获得精彩的动态影像。

拍摄技巧：找到正在快速移动的物体，然后对快速移动的物体进行对焦，建议在物体还没移动到自己正对面时就按下快门，快门按下后记住要保持继续移动，转动腰部来带动上半身，同时向物体移动的方向移动手机。

2.4　应用HDR功能

　　高动态范围图像(high-dynamic range，HDR)是一种照片处理程序。在大光比环境下拍摄时，普通相机因为受到动态范围的限制，不能记录极端亮或者暗的细节。经HDR程序处理的照片，无论高光、暗光都能够获得比普通照片更佳的层次。
　　由于数码摄影技术的高速发展，基本上每款数码相机以及高端手机都内置了HDR拍摄功能，可以帮助我们获得更好的拍照效果。
　　手机HDR高动态范围成像的实现方法就是通过多张照片合成的技术合成一张照片，按下手机快门的一瞬间，手机自动拍摄几张曝光不同的照片，然后自动合成，保证暗处细节丰富，亮处还原准确。
　　HDR适用于拍摄逆光或明暗亮度差异较大的画面，它能捕捉到更清晰的细节。另外，在拍摄移动的物体或是连拍时，不要使用HDR模式。

提示 Tip

　　目前，包括华为、小米、苹果、三星等品牌手机都内置了HDR模式。比如在iPhone中，HDR模式可通过点击按钮来开启，而华为、小米、三星等机型则内置了专属的HDR拍摄模式，用户可以根据环境的拍摄需要来开启HDR拍摄功能。

使用HDR功能拍摄的照片。

　　我们以使用HTC U11手机为例，打开相机，切换到拍照模式，在上排左侧有个HDR按钮，可以点击里面的3个选项，分别是 HDR 、 HDR AUTO 、 HDR 。要使用HDR功能，确保已选中 HDR 或 HDR AUTO 。若没有选中，可点击 HDR 更改，自拍模式中也可使用。然后圈定要拍摄的场景或对象，点击快门按钮即可进行拍照。

设置手机HDR选项。

使用HDR功能拍摄的秦淮夜景。

在摄影中，光线会影响被摄体的形态、影调、空间感、美感等，而色彩的准确表达也是非常重要的一环，只有掌握了光线和色彩的运用，才能使手机摄影有更丰富的表达能力。

3.1 顺光、逆光、侧光、顶光和底光

太阳光随着时间、季节、地理位置和环境的不同会呈现出各种光位变化，主要分为顺光、逆光、侧光、顶光和底光。

3.1.1 顺光

顺光是指相机与光源在同一方向上，正对着被摄主体，可以使拍摄物体更加清晰。如果光源与相机处在相同的高度，那么面向相机镜头的部分接收到的光线比较均匀，阴影不易显现。

这是摄影时最常用的光线，这种光线最适合表现主体自身的细节和色彩，人物、静物、花卉、建筑物都很适合在顺光状态下拍摄。

顺光是摄影初学者广泛采用的，最容易控制曝光的一种光线。但是在顺光下，主体的对比度降低，缺乏鲜明的明暗层次，不易营造立体感。在这样的光线下拍摄风光，往往效果并不理想，对主体的描绘也趋于平淡。

使用顺光拍摄人像时，拍摄的对象没有一点的阴影，身体的大部分都会直接沐浴在光线中。在这样的光线方向表现出来的被摄人物的面部及身体绝大部分阴影面积小，画面的影调比较明朗，被摄人物的立体感不是靠照明光线的明暗反差来形成的，人物立体感较弱。

拍照的时候需要选择好角度以及适合的顺光，只有这样才能更好地把握画面气氛。拍照时理想的顺光位置处于低角度，比如，清晨和傍晚拍出来的画面比较明亮、柔和，有清新、自然的气氛。中午的阳光比较刺眼，强烈的光线适合硬朗、高调的人物性格。

顺光拍照的优点：拍摄对象受光均匀，对于摄影师而言曝光比较容易把握，用平均测光的方法就能使被摄景物获得正确曝光；拍摄的景物最接近于其原型，比较有利于质感的表现；色彩能得到正确还原，饱和度高，色彩鲜艳。

顺光拍摄的缺点：缺乏表现力，拍出的照片多属二维平面，缺乏三维空间感。

在顺光环境下拍摄色彩艳丽的自然风光景物，景物的颜色可以在画面中呈现得非常饱满，顺光环境可以将昆虫和花卉的形态、颜色等细节充分地表现在画面中。

3.1.2 逆光

逆光是被摄主体背对着光源而产生的光线。在强烈的逆光下拍摄出来的影像，主体容易形成剪影。

在逆光环境下，由于被摄主体面向我们的那一面几乎背光，因此很容易使光源区域与背光区域形成明暗反差。一般情况下，逆光下的主体很容易出现曝光不足，如果想要表现主体表面的颜色等细节特征，我们应避免逆光拍摄。

在逆光环境下拍摄时，不仅可以按照亮部测光，使主体形成剪影效果，也可以增加曝光量，使主体曝光合适，背景曝光过度。所以，逆光是摄影用光中最具魅力的光线。逆光的问题是光比较大，亮部与暗部的细节往往很难兼顾。即使采用手机的HDR功能，很多时候也无法获取丰富的明暗细节。所以，拍摄者逆光拍摄时应该提前明确主题与主体的关系，做到胸有成竹。

使用手机进行逆光摄影时需要注意焦点的位置。因为大部分手机的测光与焦点联动，如果追求剪影效果，就将焦点设在强光位置；如果表现主体层次，就将焦点对准主体的暗部进行拍摄。

想要在逆光环境下拍摄出精彩的照片，我们可以利用相机对画面亮部区域测光，以此来压暗被摄主体的亮度，得到被摄主体剪影的效果。虽然剪影效果不能使被摄主体的色彩等特征得到体现，但是也很具有艺术魅力。在逆光下形成的剪影效果恰恰更能将被摄主体的形态轮廓特征在画面中充分体现。另外，在拍摄人像时，利用反光板或者灯具对人物面部进行补光，可以获得温暖清新的逆光效果。

在逆光状态下拍摄建筑时，焦点应设在强光位置，显示剪影效果。

3.1.3　侧光

　　侧光拍摄是指光线照射的方向与手机拍摄的方向呈45°～90°的角度。这种侧方的光线可以来自主体的左侧或右侧。利用这种光线拍摄出的画面，可以产生鲜明的明暗对比效果，而主体的受光面会展现得非常清晰，背光面则会以影子的形态出现在画面中，这样也使得被摄体产生强烈的质感，侧光拍摄常用于表现层次分明、具有较强立体感的画面。

　　侧顺光是指光线从相机的左侧或者右侧射向被摄主体。由于光线斜照景物会产生自然的阴影，呈现出明暗分明的线条，使景物具有立体感。侧顺光是几种基本光线中最能表现层次、线条的光线，非常适合拍摄风光和人物照片。

侧顺光是很多摄影爱好者最喜爱的光线。它有利于突出主体的形态，表现主体的质感，强调光影效果，增强立体感。

侧逆光则是光源位于被摄对象的左后方或者右后方。侧逆光会使主体正面大部分隐没在暗影中，这种隐没可以恰到好处地让作品产生一种含蓄的韵味。

清晨和傍晚采用侧逆光拍摄时，光线会使拍摄对象的色彩产生远近不同的变化。前景暗，背景亮，前景色彩饱和度高，背景色彩饱和度低。整个画面由远及近的色彩由淡而浓，影调由亮而暗，形成微妙的空间纵深感。

拍摄透明或者半透明主体时，逆光和侧逆光是最佳光线。这种光线会使主体的色彩和饱和度都得到提高，使顺光光照下平淡无味的画面呈现出美丽的光泽和通透的质感。另一方面，这样的光线能够增加画面的明暗反差，大大地提升画面的艺术效果。

3.1.4　顶光

顶光是从垂直方向直射被摄主体的光线，除了能表现由上到下的阴暗层次外，并不容易表现出物体的质感。由于顶光是一天中光线最强烈的时刻，阴影较为浓重，而且会使景物平面化，缺乏层次，色彩还原效果也差。这种光线并不是拍摄风光的理想光线，应尽量避免采用。

顶光往往使环境显得平淡单调，但是却能够使景物的色彩得到较为准确的还原，表现美食的照片常常使用顶光，抓住食材新鲜可口的感觉。

3.1.5　底光

底光也可以称为脚光，是指从被摄主体下方向被摄主体照射的光线。其实在一般情况下，我们很少有机会看到底光的效果，因为底光并不像顺光、侧光、逆光等光线那样常见。底光更多地出现在舞台剧、戏剧照明中，或是在晚会、演唱会的布光中，而广场上的地灯、低角度的反光板等也带有底光的性质。

底光是舞台中常用的布光手法，拍摄时，对演员进行测光，拍摄出来的照片主体会比较突出，并呈现出深黑背景。

3.2 使用柔光和硬光营造气氛

在摄影中，我们往往将光线分为"柔光"和"硬光"。这两种不同性质的光线会对画面产生不同的效果。在拍摄时，不同场景可能会有不同的光质，也可能同一场景的不同时间有不同的光质。

3.2.1 柔光

柔光是指在阴天或者太阳光线被薄云层遮挡时散发出来的光线，属于散射光。在这种气候条件下，阳光在云层中被反射、折射和吸收，不能直接射向被摄对象，这样就不会形成明显的受光面和阴影面，也没有明显的投影，光线效果比较柔和，是能够让被摄主体的色彩得到真实表现的理想的照明光线。

柔光在自然环境中是很常见的，比如多云、阴天等光线，或者是隔着白色窗帘的室内环境等，光线都会形成漫射，使受光物体产生柔和和均匀的光效。在这种环境下拍摄，可以将主体的细节层次非常细腻地表现在画面中。

在阴天的散射光均匀照射下，画面影调柔和、色彩鲜明，更好地表现出秋冬季节的苍凉。

在森林中，茂盛的树叶遮挡了阳光，使光线柔和地散射到景物上，使景物产生的阴影很小，显得画面很柔和。

3.2.2　硬光

　　柔光属于散射光，没有明确的方向性。硬光则与柔光恰恰相反，属于直射光，光线的方向性很强，所以能够使画面产生很大的光比，比如过亮的高光及较深的阴影。因此在硬光条件下拍摄时，我们可以根据被摄体产生的阴影来判断出光源的方向。

　　硬光非常普遍，比如晴天时太阳直射的光线就是硬光，探照灯发出的光线以及舞台上的聚光灯也都属于硬光。在硬光环境下拍摄，可以使画面具有强烈的明暗对比，被摄体的形态和轮廓更加突出。巧妙地借助硬光的特性，会让画面产生明暗分明的光影效果。但有时光比过大时，硬光会让亮部或暗部失去层次。如果需要层次丰富些，可以启用手机的HDR功能。

直射光可以将人物和骆驼投影在地面上，将沙漠和这些投影构建在画面中，显得非常有趣。

商业模特的拍摄大多使用硬光，硬光使模特面部的高光与阴影过渡得非常生硬，对比强烈、有力度。

　　硬光和柔光的互相转变可以通过使用一些道具来实现，如柔光罩、柔光箱或柔光板等。

在摄影棚拍摄照片，都需要柔光箱来控制光质，这样可以使硬光转变为柔光。

晴天下的太阳光本来是硬光，但可以借助烟雾柔化光线，让它变为柔光。

3.2.3 不同时间、不同天气的光影

在不同的时间，不同的天气下拍摄需要学会把握光影，拍出不同的感觉。

比如早晨的光，一般早上八点前的太阳光都比较柔和，这个时候对物体进行拍摄，会产生很柔和温暖的效果。

使用手机拍摄清晨日出或黄昏日落的景物时，可以下载日出日落HD、Sunrise Photography Compass和Sun Seeker等手机App，计算日落日出的位置和地点。

中午的时候，太阳会在头顶，这时候的阳光很强烈，直射光是摄影时希望能躲避的光线，但如果没有办法躲避，索性想办法有效利用它，借助强烈的光比来拍摄富有戏剧性的照片。傍晚的光与早上的光很相似，有云彩的时候，效果会更好。

在早晨的森林里拍照，抓住柔和的光线，配合树木的阴影，即使逆光也能拍出梦幻的感觉。

右图的Sun Seeker软件针对iPhone用户设计，只要打开iPhone定位系统，连接网络，即可知道日出日落的准确时间和方位。

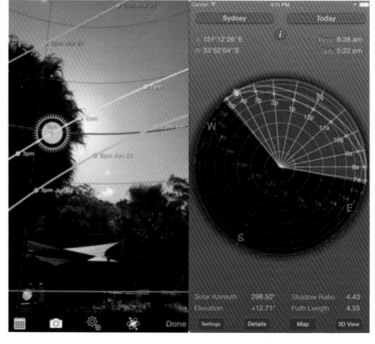

使用手机拍摄正午和傍晚的太阳。

晚上的光源只有星光和月光，由于光线暗淡，手机难以掌控，需要借助夜晚的灯光或闪光灯来拍摄夜景照片。

夜色之中，除了微弱的月光和灯光、焰火等光源之外，绝大部分物体被黑暗笼罩。借助快门长时间曝光和HDR功能拍摄，能拍摄到效果不错的夜景照片。

手机摄影与后期处理

　　阴天是很好的柔光环境，浓厚的云层像是一个自然的大柔光箱，使人物与景物的细节在画面中得到很好的表现。而当阴云密布、乌云翻滚时，呈现出悲壮、大气、沉重的低调意境。

阴云密布时，采用侧光或侧逆光拍摄，并减少曝光量，在这样的光线条件下，主体受光面积较小，很容易获得深暗影像。

3.3　控制影调和色彩

　　手机摄影需要丰富和变化多端的色彩，对摄影师来说，色彩和影调的把握，可以表达不同的情感，体现某种意境和情调。

3.3.1　白平衡

　　物体本身的颜色常会因投射光线颜色的不同而有所改变，但由于感光元件并不像人眼一样，能自动调节因光线而产生的色温改变，所以即使是使用同一白色物体，在阳光、日光灯及钨丝灯等不同光源下拍摄时，也会产生颜色上的差异。

　　白平衡就是针对上述现象所产生的校正补偿功能，目前大多数数码相机都有自动、晴天、阴天、钨丝灯、荧光灯、自定义(手动)等多种白平衡模式可供选择。拍摄者只要根据不同场景选择不同的白平衡模式，就能拍摄出和所见场景相近色温的影像。但这并非绝对定论，举例来说，如果在阴天时使用晴天模式拍摄，反而可以得到更为真实的影像色调，不会像是使用阴天模式时所带来的偏黄暖色调。所以拍摄者在使用时，不要墨守成规，只要根据自己的喜好选择合适的白平衡模式调校，就能获得符合自己创作意图的影像色调。

56

1. 白平衡与色温的关系

人类所能看到的光线，其实是由7种不同颜色的光谱组成的，而色温则是将这些光线度量化的标准。顾名思义，色温就是颜色的温度，其以K为度量单位，是由19世纪末英国物理学家开尔文提出并制定的。其理论基础是假设一个纯黑物体如果能够将落在其上的所有热能吸收，并在不耗损能量的前提下将所有热能转换，并以光的形式释放出来，黑体就会因热力高低的影响而产生颜色上的变化。黑体的绝对零度(色温零度)大约是-275℃，也就是说，黑体加热后发出某一光谱所需的摄氏温度再加上大约-275℃，就是该色光的色温。一般来说，当黑体受热到500~550℃时，会转变成暗红色，持续加热到1050~1150℃或者更高温时，会变成米黄色，接着是白色，到最后就会变成蓝紫色。也就是说，温度、色温越高，影像色调就会越偏蓝紫色(冷色调)；反之，则会呈现偏红现象(暖色调)。

白平衡在运用时，可以根据现场光线的色温选择其相对应的色温模式，就会使被摄物体获得较为准确的色彩还原。

人工光源的色温	色温(K)	自然光的色温	色温(K)
火柴光	1700 K	日光	5500 K
蜡烛光	1850 K	日出、日落	2000~3000 K
白炽灯	2600~2900 K	日出、日落前1小时	3000~4500 K
卤钨灯	3200 K左右	薄云遮日	7000~9000 K
荧光灯	4500~6500 K	阴天	6800~7500 K
闪光灯	5500 K左右	晴朗的北方天空	10000 K以上
氙弧灯	6400 K	月光	4100 K

2. 设置白平衡

白平衡的设定在手机拍摄中非常重要，它关系到色彩正常还原与色调的运用，也可以说是光线色彩的管理器。

现在的智能手机基本都带有调整白平衡选项，如果没有，也可以安装第三方App设置白平衡。以HTC U11手机为例，可以在【传统相机】模式下，设置WB选项，范围由2300K～7500K，如下图所示。

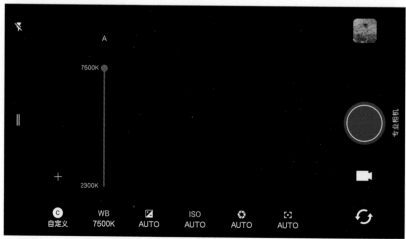

手机摄影与后期处理

　　用户还可以安装谷歌手机App，里面的白平衡设置更为简单，只需点击【自动白平衡】按钮，在弹出的几个白平衡选项里选择适合当前环境的选项即可，如下图所示。

　　由上图得知，手机摄影一般分为以下几个白平衡选项。

　　自动白平衡：自动白平衡由相机根据目标条件自动判断并调整，适用于一般的场景拍摄，比如晴天的户外、光线充足的室内等，色温为700~3000K。在复杂或特殊的光线下，自动白平衡模式有时候并不十分准确。手机相机的色温检测功能并不是万能的，在某些情况下，手机相机的自动白平衡功能会失灵，出现偏色现象

　　在光线充足的室外或室内等场景拍摄时，自动白平衡大多能还原景物的真实色彩，但是它的色彩精度较低，在一些特殊的场景下并不能很好地表现摄影师的拍摄意图。

白炽灯白平衡：白炽灯模式也称为"钨丝灯"或者"室内光"模式，一般的白炽灯会发出橙黄色的光，此模式会纠正这种暖色的光线，色温约3200K。在白炽灯光源下想要更真实地还原色彩，而又不能使用闪光灯拍摄时，一定要使用白炽灯模式。

在家庭居室、餐厅等室内环境中，常用暖色调的白炽灯作为照明光源，如果希望避免人物或环境中带有明显的橙色调，应将白平衡设置为白炽灯模式。这时，相机自动对环境中过多的暖色调光线进行校正，增强蓝色成分，使画面还原为正常的色彩。

　　荧光灯白平衡：荧光灯又称为日光灯，是目前被家庭和公共场所广泛使用的一种光源，大多数荧光灯的色温范围为3000~4200K。荧光的类型有很多种，如冷白色、暖白色，在所有的白平衡设置中，"荧光灯"设置是最难决定的。

　　晴天和阴天白平衡：如果在阳光明媚的室外拍摄，可以选择晴天模式，白平衡功能会加强图像的黄色。如果在阴雨天或者在室内拍摄，可以选择阴天模式，白平衡功能会加强图像的蓝色，以此来校正颜色的偏差。

3.3.2　运用影调

　　选择合适的影调有助于表现作品的主题思想；营造画面的视觉美，增强作品的感染力；使画面的布局更合理，满足人眼对视觉平衡的追求，它是彩色摄影作品不可缺少的组成部分。

1. 暖色调

　　在创作一幅彩色摄影作品时，常常需要根据想要表现的主题确定主色调，即选择和利用面积最大或最强烈的色块，让它居于画面的主要地位，借以表达某种情绪、意境和环境气氛，使情景统一，并利用色彩的强烈感染力，给人以总体印象。

　　在色环上以黄色和紫色为界，将色环分为两半，位于红色一侧的颜色称为暖色。红色、橙色、黄色等都属于暖色调，暖色调在色彩应用中，可以传达出热情、快乐、兴奋、活力、温暖等感情色彩。

暖色调抹去冬季的寒意，绿叶植物在暖阳的映衬下，使画面表现出温暖治愈的感觉。

2. 冷色调

与暖色调相对的是冷色调，绿色、蓝色等属于冷色调。它在色彩应用中，有助于强化自然、清新、恬静、安宁、深沉、神秘、寒冷等感情色彩。阴天或日出前和日落后半小时的色温都很高，呈现出冷色调。

冷色调使风景画面呈现一种迷人的蓝色，使周围的环境更显宁静，整个画面具有较强的层次感。

3. 高调

高调也称为亮调，通常把影调清淡的照片，称为高调照片。风光摄影中，经常采用高调手法展现清秀空灵、辽阔深远的秀丽美景。高调照片虽然以浅色调为主，但仍要求有丰富的层次，小部分的深色调可以突出主体，起到画龙点睛的作用。

选取浅色调的景物，主体与陪衬体的色调尽量接近。选用浅淡背景，将主体衬托出来。

4. 低调

低调也称为暗调，通常把影调浓重的照片，称为低调照片。低调照片中的影调绝大部分为深色，整个画面的色调比较浓重深沉。它一般适宜表现以深色为基调的题材，营造庄严、凝重、静穆的氛围，表现沧桑、沉稳的特质。低调照片虽然大部分是深暗影调，也不排斥大面积的亮调。由于大面积暗调的衬托，小块的亮色格外明显，形成视觉中心，使整个画面具有生动跳跃的效果。

借助夜晚的灯光拍摄照片。夜色之中，除了微弱的月光和灯光、焰火等光源之外，绝大部分物体被黑暗笼罩。借助三脚架和快门长时间曝光，能拍摄到低调效果的夜景照片。

5. 中间调

中间调是相对高调和低调而言的，画面上的影调明暗分布均匀，影像层次丰富。中间调包含两层含义：其一是指明暗关系，既不是亮调，也不是暗调；其二是指反差关系，介于软调和硬调之间，画面中明暗两部分比例均衡。

中间调适合表现的题材比较宽泛，容易带给观赏者真实、亲切的感受，是风光摄影作品中最常用的
影调形式，非常适合表现景物的立体感、质感和色彩。

3.3.3　色彩饱和度

　　色彩的饱和度指色
彩的鲜艳程度，也称作
纯度，纯度越高，表现
越鲜明；纯度越低，表
现越暗淡。在手机摄影
中，不同的饱和度，能
表现不同的情感色彩。

阳光和蓝天表现出更高
饱和度的色彩，在该环
境下拍摄的景物一般都
很鲜活亮丽。

使用手机App的渐变滤镜功能，可以加深天空等原本单调的色彩，使色彩饱和度更加饱满，视觉效果变好。

3.4 光线和色调构图

　　光线和色调是表现被摄对象立体效果和摄影造型艺术的元素。采用光线和色调进行构图是常用的摄影手法。

3.4.1 明暗对比构图

　　画面上产生明暗对比的原因，是由于被摄对象因受光不均匀而导致出现的明暗反差。在明暗对比的画面上，明亮的部分应是被摄主体，由于画面的反差比较大，暗部对主体起到了明显的衬托作用，因此能更好地体现出亮部主体的层次感，使画面色调明快，层次分明，主体突出。

　　明暗对比的画面往往是被摄主体处于亮处，而背景处于暗处，以黑暗的背景来衬托明亮的主体，因此画面反差强烈，对比突出，有效地突出了被摄主体。

画面中以聚光灯的形式将主体人物放置在光照之下，而背景在阴影中简化了画面，使人物形态在画面中的效果更加突出。

3.4.2 和谐色调构图

　　和谐色调是由相近的颜色或者色相环上相距90°以内的色彩组成的。和谐色调没有对比色调那么强烈而富有视觉刺激，但却因其无色彩跳跃而让人感到和谐、舒畅，强化了淡雅、肃静与温馨的效果。此类和谐色调常用消色(黑白灰)来丰富画面的表现力，使画面色彩朴素、淡雅。在各种色调的照片中，注意并合理使用消色来增加画面的层次，这是一个成熟的摄影师必须具备的专业素养。

　　理想地讲，一张照片应该有一个主体和一种主色调，其他的色调只起补充作用，衬托最重要的部分。相似色调的构图给人宁静和悠闲的感觉，而对比色调的构图则倾向于矛盾和冲突。如果采用适当照明，即使是对比色调也能调和，产生和谐画面。光照的选择会影响色彩，曝光也同样可以影响色彩。曝光略微不足产生低调效果，曝光略微过度或使用彩色滤光镜拍摄则可以降低色调反差。

采用适当的光照，即使色彩艳丽的景物，也可以拍摄出和谐的画面。

3.4.3 对比色调构图

对比色调是指画面不是以某一类颜色为基调，而是两种色相上差别较大的颜色相搭配所形成的色彩，常用的对比色调有红与绿、黄与紫、橙与蓝等。由于这类色相差别较大，出现在同一个画面上时能给我们造成一种视觉上的反差，使各自的色彩倾向更加明显，从而更充分地发挥各自的色彩个性。

为了得到较好的对比色调构图的画面，首先要确定画面总的基调，形成色彩上的重心。色彩有情感性，能渲染气氛，影响对象的表达。强烈、醒目的色彩能投射出生命的活力。如果色彩使用得当，即使在画面上不占主导部分，小的色彩对比也能够使某一部分影像具有吸引力。

在大面积的蓝色的水中，小鱼身上橘色的条纹犹如万绿丛中一点红，将其形象凸显出来。

　　配合得当是对比色调构图使用的关键，切忌杂乱无章与平分秋色，在对比色调中寻求既对立又统一，在色彩的对立中追求色彩的和谐。

3.4.4　冷暖色调对比构图

　　冷色调是以各种蓝色调为主体颜色构成的，它有助于强化深沉、神秘及寒冷等效果，而暖色调是以红、橙、黄等具有温暖倾向的色彩构成的，这两种色调如果同时出现在一个画面中，就形成了冷暖色调的对比。

　　冷暖色调对比的画面，强调的是一种视觉上的反差，给人的视觉感受是极其强烈而鲜明的，带有强烈的冲击性和刺激性，若处理不好则会显得杂乱无章。配合得当是使用的关键，在冷暖色调对比的画面中，两种色调要避免等量分布，力求在色彩的对比中追求色彩的协调。

冷暖色调对比的画面要避免杂乱无章，可以通过冷暖色彩所占比例和主体、陪衬体之间的虚实关系来协调画面效果。

Chapter 04

人物摄影

人物照片与其他类别的照片相比更能引起观赏者的共鸣。人物摄影不仅向观赏者展现被摄人物的音容笑貌，还捕捉人物的神韵，揭示人物的独特个性，使人物神形兼备。

4.1 人物摄影的取景方法

拍摄人物照片前，先确定主题，然后选择最能表现该主题的构图方式。人物摄影取景时，要考虑背景和人物的画面构成。要强调人物形象时，可以使人物充满整个画面；结合前景、背景效果时，要分析、判断每个画面中会出现的陪衬对象。我们常用的取景方法有特写、近景、中景和全景。

4.1.1 特写

特写一般以表现人物面部为主。通过特写，表现人物瞬间的表情，展现人物的内心世界。在拍摄特写画面时，构图力求饱满。这时，由于被拍摄对象的面部形象占据整个画面，给观众的视觉印象格外强烈，具有极强的视觉冲击，画面的感染力也因此而增强。

特写镜头要注意拍摄角度的选择，避免人物形象的局部变形。特写照片给人的视觉感受强烈，印象深刻。

特写照片不一定只局限于人物的面部，通过拍摄人物的局部也可以传达出画面意境。

4.1.2 近景

近景拍摄的是人物头部到胸部的大致位置，用以细致地表现人物的神态。近景照片多采用纵向构图，人物头部的位置可根据空间背景适当留取。

近景人像也能使被拍摄对象的形象给观众较深刻的印象。虽然近景的人物照片没有特写那么强烈的视觉冲击力，但也不乏表现力。

拍摄近景人像，我们同样要仔细选择拍摄角度，注意光线的投射方向、光线性质的软硬等因素。人们常常觉得自己太胖或者太瘦，对胖者可以采用俯拍，可使人物的脸型变得稍长一些；对瘦者可采用仰拍，人物的脸型会相对变得丰满一些。

近景人像以表现人物的面部特征为主，背景环境在画面中占少部分，仅作为人物的陪衬。

近景的人物照片以表现人物的面部特征为主，画面干净简洁，主体突出，表现有力。

中景人像因为能够拍摄到人物腰部甚至腰部以下位置，所以被摄者姿态的变化就丰富多了，这给画面的构图带来很大的方便。

4.1.3 中景

中景主要拍摄人物头部至膝盖以上部位。中景拍摄时，应慎重考虑画面的布局，强力表现人物的神态和周围的环境。采用中景拍摄时，要注意人物的截取位置，以免产生不自然感。

中景人像比近景或特写人像画面中有了更多的空间，因而可以表现更多的背景环境，使人物得到较好的衬托，人物与背景之间也能产生关联，能够使构图富有更多的变化。

4.1.4 全景

全景是包括背景的全身照，表现人物的动姿。全景包括被摄对象的全貌和其周围的环境。因此，如果是在户外进行拍摄，要明确取景的意图，注意观察、分析周围环境，并选择能够充分展现人物形象、气质的拍摄角度。

全身人像给了拍摄者更多发挥的空间，包括灯光的运用，背景的选择以及人物的姿势、动作等。拍摄全身人像，我们可以将注意力转移到人物的形体姿态上来，并结合光线和背景来重点表现被摄人物。

拍摄全身人像时，在构图上要特别注意人物和背景的结合，背景在人像摄影中起着至关重要的作用。通过人物的姿态和背景的结合，拍摄者可以将他的意图表现出来并展示给观众。

4.2　人物摄影的取景构图

人物摄影的构图主要以人物的动作、神态为依据。

4.2.1　竖构图取景

竖构图是人物摄影运用得比较多的构图形式之一。采用这种构图形式可以通过描写表情和神态反映出人物的内心世界，也可以将人物的整体形态纳入画面，让人物显得更加修长、挺拔。同时，对于突出背景效果的拍摄，可以使人物与背景环境相结合，更易刻画出画面的空间感。

在取景时，人物要占据较多的空间，甚至整个画面，这能非常清晰地刻画出人物的形象，从而造成强烈的视觉冲击力，给观赏者以心灵的震撼。

手机摄影与后期处理

浅景深可以使背景虚化，更好地烘托主体人物。右图中道路构成的透视线，让观赏者的注意力集中在人物身上。

使用竖构图时，观赏者的目光会在画面上从上往下巡视，如果从较低的角度用广角来拍摄人物，由于透视的关系，人物会显得高挑、挺拔。

使用竖构图能充分表现人物神态，画面紧凑，空白区域少，竖构图比横构图更适合表现人物的形态。

72

使用竖构图拍摄人像时，人物肖像占据整个画面，脸部的轮廓可以得到很好的刻画，也较好地表现了人物的内心世界。整个画面紧凑，空白少。

在以单个人物为拍摄对象时最适合使用竖构图拍摄融入背景的人物照片。这种拍摄方法可以表现人物的表情、神态，反映人物的内心世界。使用竖构图可以表现人物全身形态，使用纯色背景可以更好地处理画面中的主次关系，使主体一目了然。

4.2.2　横构图取景

横构图主要用在拍摄协调人物和背景环境的照片上，横构图最有利于表现静态的美，能够表达寂静和稳定的画面感。画面中的线条位置、方向直接左右着观赏者的视觉感受。

使用横构图拍摄人像，画面构图稳定，人物的神态也得到较好的表现。

　　在使用横构图拍摄全身人像时，如果拍摄对象呈现的是站姿，则不太好处理画面。但如果能够使人物采用坐姿或躺姿，不仅能解决画面生硬的问题，还能起到强调主题的作用。

人物的姿势构成的三角形构图，使横构图的画面达到均衡、稳定。

　　拍摄两个或两个以上的人物时，采用横构图可以使人物横向排列或错落分布，使画面更具故事性。

在画面中将人物看作构成元素，单个元素在画面中如果显得单调的话，那么多个元素便会形成对比和空间延续感。人物前后错落也能形成三角形构图，使画面稳定。

在画面中，增加一些拍摄道具可以将画面的单一化转变为复合化，有主有次，结构分明，使画面别具情趣。

4.3 人物摄影的构成形式

在人物摄影中，画面的不同布局可以赋予照片不同的意义。如何处理好人物照片中的构成关系，点、线、面、形状等构成要素的合理搭配和协调，是人像构图的关键。

4.3.1 画面布局

人物摄影经常使用中心式构图，这类构图就是把人物安排到画面的中心，要么布满整个画面，要么结合背景安排人物。中心式构图非常简单，画面中人物形象生动，个性分明，富有感情色彩，能给人深刻的印象，使照片富有感染力。

使用中心式构图，人物居中，占据大部分画面，使画面饱满，人物形象生动。摄影师拍摄时要注意被摄人物的眼神和表情。

三角形构图是一种典型的常用构图形式。这种构图把人物主体的形体或形体组合调整成三角形的形式，使画面具有稳定感。

三角形具有向上的冲击力和强劲的视觉引导。构图中的倾斜角度变化，可以使画面产生不同的动感效果，而且形式新颖、主体明确。

4.3.2　适当留白

　　在人像拍摄过程中，作为主体的人物要安排在画面中最能引人注意的位置，摄影师构图时要适当地留白，给观赏者以想象的空间。人像照片中的留白影响整个画面的氛围和表现力。留白的位置与大小合适，可以突出人物，为画面赋予生机。留白尽可能设置在人物视线的前方或运动前进的方向，根据画面的需要来确定其位置与大小。

在拍摄时，人物视线的前方留出空白，为画面赋予生机。

　　运动中的人物视线前方留出空白给予运动舒展的空间，避免产生憋闷感。在拍摄人物特写时，人物的头部会占据画面的大部分面积，在人物的视线前方需要多留出空白。

在拍摄运动的人物时，在运动的方向留出空白，体现出运动的趋势。

4.3.3　人物摄影的摆姿

　　在人物摄影中，人物的姿态是画面构图重要的组成元素之一，其肢体语言和表情控制在很大程度上决定了相片的最终成像效果。大多数摄影爱好者都没有太多的机会去拍摄专业模特，因此，掌握摆姿和构图的一些基本要领显得尤为重要。

1. 调动模特的情绪

　　在拍摄人物照片时，调动人物的情绪非常重要。为了提高成功率，摄影师可以在拍摄前告诉拍摄对象，自己想拍出什么感觉的照片，并与其多做交流。另外，在拍摄的时候，摄影师要不断地鼓励拍摄对象，一直要让其将注意力保持在自己的镜头上，连续地拍摄，让其感觉拍摄的过程很快乐、很流畅。即使在拍摄过程中拍摄对象的表现不好，摄影师也要多加鼓励，使其表现越来越好。

眼睛是心灵的窗户，也是人物摄影最重要的表现部分，表现好眼睛对于展现人物的性格特点，渲染画面情绪起着至关重要的作用。人像拍摄通常使用单点、单次对焦模式，针对人物的眼睛精确对焦，这样才能保证眼睛清晰。

2. 站姿拍摄

很多人物摄影师都偏爱拍摄女性模特。相对男性模特而言，女性模特更具表现力和可塑性。在拍摄女性模特时，表现赋予身体魅力的曲线是必不可少的。专业模特可以根据摄影师的意图摆出千姿百态的造型。而摄影师要充分调动模特的灵活性，让模特尝试不同的动作，使其身体充分展现美感。

摄影师拍摄站姿人像时，画面都会有手部和脚部的表现，这些表现虽然在整个画面中所占比例不大，但如果处理不好，会破坏画面的整体美观。摄影师拍摄时一定要注意模特的手部、脚步的姿态和完整。

3. 坐姿拍摄

在人像摄影中，人物的坐姿造型动作可以说是最为常见的人像摆姿方式之一。

三角形的坐姿具有稳定感，可以将侧面面对镜头，膝盖弯曲构成三角形。

当运动员席地而坐时，多采用盘腿坐姿；上身挺直，两腿稍微弯曲呈X型交叉，显得随意且童心未泯。

在拍摄女性坐姿造型时，一定要重点突出其腿部线条和模特气质。在拍摄时，模特的腿部线条、姿态与模特气质一气呵成，能大大增加照片的魅力。背部挺直，上半身稍微向前倾，将身体重心移到大腿上，这样的仪态更好看，显得腿比较纤细。如果模特的腿部不够笔直，可以通过侧坐来掩盖人物腿部的缺点。

两人的坐姿都具有三角构图，合并在一起也很对称，高个女孩的位置呈斜线构图，引导视线前往另一个女孩，表现双方的情绪。

4. 躺姿拍摄

躺姿照片虽然看起来漂亮，但拍摄起来有一定难度。躺姿拍摄的拍摄角度尤为重要，把握不好会造成模特脸部变形，或身材比例不协调等问题。

利用俯视拍摄人物特写，可以很好地表现人物的神态和表情。

当模特平躺在床上或者地板上时，为了避免画面的呆板，模特可以双腿弯曲，或采用双手抱胸的姿势，另外也可以根据拍摄情况进行道具摆放。

躺姿拍摄可以用对角线构图从高处进行俯拍，表现构图的稳定、安静。

侧躺更容易展现模特迷人的身体曲线以及女性的妩媚和性感，比较适合时尚性感的摄影风格。侧躺的要领是腰部下压，臀部翘起，更加突出身体的S曲线。双腿宜采用一曲一直或小腿交叉姿势。

5. 抓拍动感画面

动感的人像照片会给人带来一种无拘无束，充满活力的感觉。拍摄这类照片通常需要保证较高的快门速度。对焦可以采用连续自动对焦模式，也可以预先对静止的模特手动对焦，然后以高速连拍的方式抓住主体对象运动的瞬间。

瞬间抓拍是最常见的拍摄模式，主要技巧是动作预判和连拍。动作预判就是需要我们观察拍摄对象的动作走向和运动规律，并预先判断出下一个动作的大致情形，设定好拍摄构图，一旦目标场景出现按下快门即可。

以打篮球为例，如何抓拍到精彩的上篮和抢篮板动作呢？按照规律，在运动员运球冲向篮底时，我们就要想到会有突破上篮，以及对手抢篮板的画面出现，那么就将构图设定在会发生上篮和抢篮板的地方，待画面发生时从容完成拍摄。

有些智能手机自带【运动场景】模式，简单地设置，即可轻松拍出动感十足的人物运动照片。此外，自带【连拍】模式的智能手机，也可以使用极速连拍。

6. 利用道具

　　人像摄影经常会使用一些道具，比如鲜花、风车、气球、帽子、眼镜、包、伞等。使用道具能够让人物的姿态、动作、表情有所依托，可以更好地烘托画面气氛，美化和丰富人物内涵，常常为整个画面起到画龙点睛的作用。

4.3.4　选择背景

　　一幅好的人物摄影作品力求突出模特，主次分明，以达到简洁明快的艺术效果。人像摄影的重点就是反映人物的容貌和气质，背景要尽量简洁、生动一些。这样就可以有更多的空间表现主体人物，避免喧宾夺主，使人物更加形象和生动。

手机摄影与后期处理

1. 使用简洁的背景

想要获得更好的拍摄效果，摄影师就必须尽可能减少分散注意力的背景因素，简洁、协调的背景能够更好地突出人物。墙壁、幕布等是最容易找到的单色背景，可以避免杂乱的背景分散观赏者的注意力。

冷色调的简洁背景，烘托出人物冷静、自信、专业的一面。

2. 选择富有感染力的背景

摄影师使用镜头拍摄人像时，如果纳入的环境范围很大，而且难以用浅景深来突出人物，在这种情况下就需要更加精心地选择背景；如果环境本身就是很好的一幅风光照片，再把人物安排到合适的位置，通常都会得到满意的作品。

3. 利用透视营造延伸感

在人像摄影中，透视是获得理想背景的很好方案。拍摄时，摄影师要仔细观察周边的环境，如墙壁、走廊、树木、围栏等，这样可以轻松地找到透视线条。透视能够增强画面的空间感和延伸感，使画面简洁又不喧宾夺主。

利用环境本身具有的线条，引导观赏者的视线汇聚到主体人物上。

4.4　人物摄影的拍摄角度

　　照相机的角度，实际上是指摄影角度。对同一主体进行拍摄时，照相机的摄影位置不同，拍摄的人物照片所表现的感觉也完全不同。角度大体上包括从高处向下拍摄的俯视角度，在被摄体的视平线拍摄的平视角度，还有从低处向上拍摄的仰视角度。

4.4.1　俯视角拍摄

　　摄影师在高于被摄体的位置俯视的角度，这种俯视角度有利于人物脸部的特写，易于表现神态和表情，但是近距离的拍摄，人物脸部会扩大，腿却会变得很细。另外，俯视角拍摄不仅缩短人物身长，当人物的脸部在画面中心时，还会形成头大身子小的效果，摄影师真正拍摄时一定要全面考虑多方面的影响。

利用俯视角拍摄人物特写，可以很好地表现人物的神态和表情。

　　利用俯视角可以表现出多种有趣的表情、神态和运动。但是俯视角拍摄的特点在于扭曲图像，因此在人像照片中使用该摄影角度的频率不是很高。

4.4.2　平视角拍摄

　　所谓平视角拍摄，是指在眼睛与被摄体相同的高度进行拍摄。我们早已熟悉和习惯了平视角拍摄的照片所表现出的视觉感，但是这样的表现方式过于平凡。利用标准镜头近距离拍摄人像神态的照片，多用在抓拍的照片上。

平视角拍摄是最为常用的拍摄方法，结合三分法或三角形构图等经典构图方法，可以用于表现稳定感的画面。

在日常拍摄中，平视角拍摄的照片给人中规中矩的感受，不易拍出刺激视觉感官的效果。

4.4.3 仰视角拍摄

仰视角拍摄是用仰视的视角进行拍摄。使用这种拍摄方法，接近镜头的腿变大，距离较远的脸被缩小。

拍摄剪影的时候，要注意整体环境的干净，人物要处在比较突出的位置上，采用仰拍等视角，让天空和干净背景占据的画面比较多。

相比俯视角，仰视角的扭曲程度的远近感更加明显，为防止身体的特定部位过度变形，应慎重使用这样的摄影角度。

4.5　人物摄影光线的使用技巧

　　选择和运用光线是拍摄人像一个非常重要的环节，一幅好的人物摄影作品需要有精心选择和布置的光线。在拍摄人像时，我们除了利用自然光线，还经常运用反光板、闪光灯等设备弥补自然光的不足，以改善照片质量，获得更好的视觉效果。

4.5.1　散射光拍摄

　　对于摄影初学者而言，自然的散射光是最容易获得理想画面效果的光线。在阴天或者多云的天气里，阳光被空中的云彩遮挡，不能直接投射地面。这种散射的光线很柔和，不会形成明显的阴影。在这种光线下，人物的肌肤细腻、干净、有质感，它是人像摄影较为理想的光线。

在阴天或多云的天气里即使不使用补光设备，光线也会显得柔和、均匀，摄影师很容易获得柔和、细腻的画面效果，这很适合拍摄女性、儿童肖像。

提示 Tip

　　阴天或多云天气的天空单调、苍白，缺乏色彩和层次，建议选取不带天空的背景拍摄。另外，很多人在阴天拍摄时，画面容易出现面部灰暗的问题，适当地增加曝光补偿可以让皮肤更加白皙。如果希望利用反光板为人物添加眼神光或者提亮面部，在散射光环境下，切记不要使用过强的补光设备，以免破坏散射光本身的柔美效果。

4.5.2 晴天的光线选择

在阳光充足的晴朗天气拍摄时，最佳时间段是日出至上午9点以及下午5点至日落，这两个时间段的光线相对柔和。同时，我们也容易通过光线的影调塑造人物的轮廓线条。如果不可避免地要在强烈的阳光下拍摄，在没有反光板、闪光灯等补光设备时，我们通常采用顺光、前侧光进行拍摄。这容易使人物面部得到均匀的光线照射，脸部比较干净，阴影少。

在阳光强烈的时段拍摄时，选择可以遮蔽阳光的区域或道具，能够让光线变得均匀、柔和。同时如果采用反光板补光，不要使补光的亮度超过阳光照射的亮度，否则拍出的效果会很生硬。

我们还可以通过环境和道具的选择运用改善强烈的光线。最简单的方法是仔细观察光线的角度和照射范围，主动避免。如在树荫、凉棚等区域，光线往往较为均匀，选择这些区域能够避开直射阳光，让光线变得更加均匀、柔和。如果四周没有能够遮挡光线的区域，也可以使用太阳伞、帽子遮挡阳光，同时，它们还可以起到小道具的作用，让画面变得活跃。

在直射光线下采用侧逆光拍摄，能够使人物产生明亮的轮廓线，也能够充分表现出陪衬体的质感。同时景物之间反差较大，具有强烈的立体感与层次感。不过，由于模特的正面处于阴影中，如果不进行任何补光直接拍摄，就会使得面部曝光严重不足。这种情况下，我们就需要使用反光板、闪光灯对人物的面部进行补光。

4.5.3 弱光、夜景拍摄

黄昏时分的光线也属于散射光。在这个时段拍摄时，光线的反差相对较小，选择顺光、侧顺光拍摄比较容易掌控，不容易出现过于明显的阴影，以及曝光失误。

如果选择逆光、侧逆光拍摄，我们常常以天空或水面作为主要背景。针对背景的主色彩的亮度进行测光，以此确定曝光组合。同时，针对人物的脸部要用闪光灯补光。另外，可以再添加彩色渐变滤镜进一步加强天空的色彩。

拍摄夜景人像时，我们既要考虑前景和背景的正常曝光，又要考虑在光线不足的情况下保证人物清晰，这属于难度较大的一类人像摄影。如果环境条件许可，我们可以将主体人物安排在光线相对较亮的区域中。这样，在一定程度上能够保证人像与背景之间光线的均衡，即使不使用闪光灯或者外拍灯为人像补光，也能够拍摄到较为满意的作品。

由于现场光线比较暗，往往要用较大的光圈，提升ISO感光度，尽量保证快门速度达到1/15秒以上。

4.5.4 室内拍摄光线的运用

　　室内拍摄时，我们既可以利用自然光线，也可以利用人造光线。对于人像摄影而言，室内摄影更具魅力和挑战性。

我们在室内运用自然光线进行拍摄时，尽量选择靠近自然光源的位置进行构图。因为室内的自然光线类似于户外拍摄时的散射光，可以拍摄出柔和自然的画面效果，同时可以避免自然光线不足而产生的曝光问题。

4.5.5　拍摄高调和低调人像

高调人像照片的画面以高亮度、低饱和度的类型为主，给人的感觉是清新、纯洁而明快。但是，高调人像照片也不是整个画面皆为白色调，在浅而淡雅的影调环境中，局部少量的暗调也是必不可少的。

低调人像照片普遍色彩比较浓重，画面上一般以暗色调为主，只在个别地方保留一些高光，以强烈的影调对比表现作品的内容和气氛，给人以沉稳、安定等感觉。低调照片大都是深色调的背景，采用侧光或逆光的用光方式进行拍摄，突出地表现主体的一部分和某个鲜明性格特征的部分。

摄影师拍摄时最好选取白色调或浅色调，主体和陪衬体的色调应接近，或者构成互补，右图中以白色基调为主，整个画面清新、淡雅。

低调人像画面大部分都处于暗色中，而画面的重点在于从小面积的亮色中展现出神秘、含蓄的效果，带给人独特的视觉印象。

风光摄影以表现自然风景为主，通过对自然景色的生动描绘，间接地反映或唤起观赏者的审美感受和情感体验，想要拍摄出优秀的风光作品对于拍摄者而言具有一定的挑战。

5.1 风光摄影的构图

风景照片的被摄物本身就是一幅美丽的画，风光摄影的关键在于从被摄体获得感动，并用正确的方式拍摄风景，即要明确摄影的主线。拍摄风景照片的技术关键在于画面的布局。

5.1.1 风光照片的取景

人物照片，特别是运动类抓拍摄影中，摄影师应具有短时间内正确取景和确定构图的能力，与此不同的是，风景照片的优点在于可利用充足的时间进行思考后再取景。

对于不同的风景，取景的范围不同，表现的感觉也不同。再美的风景，若取景不佳，也不能拍摄出摄影师所要表达的感觉。比起人物照片，风景照片中的取景显得更加重要。

1. 选择拍摄时间

相同的景色，在不同的季节会有不同的表现力。而一天中不同时刻的光线，在景色中造成的光影效果也不同。因此，选择合适的拍摄时间，对风光摄影起着决定性的作用。

比如右边两张图，夏天时草长莺飞，尽显生机与活力。而到了冬天，裸露的土地、昏暗的天空以及稀疏的花草，呈现另一种惨淡与萧条的画面。

一般来说，黄金时间段是拍照的最佳时机，即当太阳接近地平线的时候(晨曦和日暮时)，光线最为柔和，也最能营造氛围。

2. 选择拍摄题材

选择合适的拍摄题材，可以表达拍摄者更多的思想感情。面对风景时，拍摄者往往要从许多拍摄对象中进行筛选，选出最想表现的主体，最能传达意蕴的主体。同时，对于相同的风景，取景的范围不同，表现的感觉也不同。

水景最大的特点就是其亦动亦静。在静止的状态下，水景对周边景致的映射是画面最为精彩的部分。

建筑物特有的线条常会引起拍摄者的兴趣。不同线条的交错，增强了画面的空间感。

提示 Tip

按下快门之前，不能只关注风景的一部分，我们要先考虑在哪个位置、怎样截取主被摄体，然后结合环境中的其他辅助被摄体适当取景。

5.1.2 选择摄影位置

手机的摄影位置直接影响主体的形态或光线的位置，因此定位是构图的要素之一。所谓定位，是指摄影位置，即摄影点。即使拍摄同一被摄体，手机的摄影位置不同，摄影作品的效果也有差异。

对于拍摄来说，角度的选择也起着决定性的作用。同一景物由于拍摄角度的不同，同样也可以产生不一样的画面效果。在拍摄时，选择好拍摄地点，对于是否能充分表现主体对象的造型是尤为重要的。

利用俯视角进行拍摄，更多的景致在画面中得到展示。

利用仰视角进行拍摄，拍出的照片更具视觉冲击力。利用仰视角拍摄产生的独特透视关系，使建筑物显得更加高大、宏伟。

5.1.3　画面构成的条件

前一节中提到，拍摄者应该在多个角度观察被摄体后，再确定手机的位置，但是要拍摄一幅上佳的摄影作品，不只是选择一个好的角度就可以的。

有时被摄主体的本身形态很好，但是不得不包含周围多余的背景要素。这样的构图虽然实现了被摄体的最佳表现，却也不能期待创作出最完美的作品。

构成画面的最佳条件并不只是集中在被摄主体上，而是被摄主体所处环境的背景、光线、色彩对比、形态等要素都要齐全。但是，环境条件不是那么容易构成的，只能是根据当时的状况尽可能选择适合的画面构成。这也是对摄影师的一种考验。

1. 背景的选择

背景的选择决定照片的成败，所以拍摄者一定要认真考虑背景的表现。带有自然纹理的背景会增强景物的自然美感。如果想要突出主体，简单、朴素的背景是不错的选择。

照片的背景可以反映主体的环境，延伸画面的视觉感。背景可以映衬主体，烘托画面意境，给观赏者以更多的想象空间。

2. 光线的运用

随着时间、季节的变化，不同的光线变化让景色呈现出不同的景象。而每一种天气都有自己独特的光线特征和气氛。在拍摄时，拍摄者要考虑什么样的光线可以传达所要拍摄的风景的意境。

3. 线条的利用

自然界是一个线性世界，风景中的线条更是不胜枚举，地平线、弯曲的河流、垂直于地面的树木，以及各种色彩的差异形成的视觉上的交界线等都是线条。

在夜晚灯光的映衬下，景致会改变原有的色彩，展现出迷人的梦幻感。

景物本身所特有的造型线条是很好的拍摄题材，它可以很明了地传达出拍摄者所要表达的意图。

4. 色彩表达情绪

　　自然界是一个五彩缤纷的世界，色彩在画面中的反映要么和谐，要么对比，或者在对比中求得统一，拍摄者通过摄影画面的色彩情绪将他的感悟传递给观赏者。

金色常被用来拍摄秋季景色。大片的金色麦田，使人感受到丰收的喜悦。

绿色是容易让人感受到植物旺盛的生命力的色彩。

5.2 拍摄水景

以水景为自然风景的拍摄题材是非常有趣的。因为水景亦动亦静，富有变化且充满神秘感。拍摄平静的水景，常使用水平线构图法来表现水平面的平衡和宁静感。而对于活动的水景，也可以打破这种画面的平衡感以寻求新鲜的感觉。

1. 拍摄溪流和瀑布

溪流和瀑布是自然山水中最富有诗意的景观，它们或飞流直下，或绵延宛转、千姿百态。溪流和瀑布是自然风光摄影爱好者所热衷的拍摄题材。选择合适的季节，寻找有特色的溪流和瀑布，是拍摄一幅好照片的前提。溪流和瀑布多位于山谷之中，在选择拍摄位置时，往往要因地制宜。

拍摄溪流、瀑布时可以灵活选择取景角度，从而拍摄出不同效果的照片。平视角接近日常欣赏的高度，能使人产生身临其境的亲切感受。低角度仰拍时，溪流和瀑布在透视上的变化大，有利于表现景物的层次；俯拍则可以摄取更多的周边景致，表现出溪流的平面状态。

拍摄瀑布时，可以根据瀑布的不同造型，采用整体或局部构图方式进行拍摄，展示主体对象的特征。

使用平视角拍摄的人造瀑布，画面显得亲切又迷人。

　　拍摄溪流和瀑布经常使用1/2秒至数秒的快门速度展现出柔美的画面。采用较长的曝光时间能够记录下水流的轨迹，拍摄出如梦如幻的流水效果，别有一番情趣。快门速度越慢，水流的流动感越强烈。

在溪流前添加前景，增加了画面的层次感。同时，色彩上的差异，使画面更具视觉冲击力。

2. 拍摄江河湖海

　　江河湖海是自然风景中富有魅力的景观，是很多风光摄影师必拍的主题。它们亦动亦静，富有变化且充满神秘感。

在散射光照射下，水面受光均匀，色彩比较淡雅柔和，没有明显的反光。平静的水面犹如一面巨大的镜子映射着周围的景色以及天空的颜色，表现出梦幻、神秘的色彩效果。

　　拍摄水景要注意避免画面空旷，尽可能选择适当的前、后景丰富画面层次，海岸边的礁石、小船、湖边的树木等都可以作为陪衬体来利用，它们可以使空旷的画面生动起来。我们也可以利用环境中标志性的景物作为陪衬体，在画面中表现出鲜明的地域特征和季节特征。

蜿蜒曲折的海岸线具有独特的造型美，在岸边景物的映衬下，更显大海的深邃与广阔。

平静的水面容易受到环境的影响，蔚蓝的天空会使水面色调偏蓝，青山环抱的水面色调偏绿。不同的气候也会使湖泊展现出不同的效果。清晨和黄昏时分是拍摄湖泊的最佳时机，因为这个时候湖面会映衬出迷人的色彩，如梦如幻，具有极强的艺术效果，给观赏者以美的享受。

5.3 拍摄山景

拍摄以山脉为主体的风景照片时，多选择俯视或平视的角度进行拍摄，以展示山脉连绵的空间感。

层叠的山峦显示着自然的力量，连绵起伏，揭示着自然的神奇。由于倾斜的线条给人以动感，用斜线构图来表现山棱线的节奏感是较为常用的方法。正面光线拍摄则有利于体现山体的纵深感。山势在其走向和光线作用下产成了明暗关系，体现出一种动向的节奏感。

曲线构图表现的是物体本身的形状或运动的轨迹，这种方式没有特定的形式，物体的每一个组成部分都可与曲线建立某种关联。由于山体的不规则性，从远处看，山峰之间相连的部位也就形成了一条不规则的曲线。在光线的照射下，这些曲线就组成了山脉的形状，连绵起伏，甚为壮观。

有雾的天气会让山景增添一份诗情画意。左图以折线的形式来表现雾气环绕的山脉。而远景中的山脉因为雾气显得渐远渐淡，给画面营造了梦幻般的仙境氛围。

　　只要有光线，被摄景物就会产生明暗对比的变化。通过对比，被摄主体得以突出，景物特征得到强化，画面的气氛得到渲染，同时还可以引起画面色调上的变化。光线照射角度的变化，对山体阴影的产生具有明显的影响。低角度照射可使山体产生大面积的阴影，而高角度尤其是顶光则会削弱阴影的效果。通过明暗对比，山体的棱线得到强化。

阳光照射在山体上，山体的纹理清晰可见，低角度照射使山体产生明显的阴影，形成视觉上的明暗对比。

提示 Tip

　　V字形的构图，会因为线条的汇聚作用更加突出画面上的主体。V字形构图常常将V形的物体当作前景来衬托被摄主体，起到引导人们视线的效果，利用山脉的棱线构成的V字形构图，让画面产生向远处延伸的感觉和力度感，突出其宏伟气势。

5.4　拍摄原野

　　平原和草原这类开阔的地方是最难以拍好的风景，原因就在于它们常常没有让人产生明显的兴趣点。在大多数情况下，景色的辽阔是拍摄者想要表达的东西之一，但是在画面中，观赏者需要有注意的焦点。因此，拍摄者需要寻找当地特有的东西，并利用它作为兴趣点来对景色加以表述。

　　摄影画面上的色彩构成能够给人一种强烈的视觉感受，通过色彩向人们传递情感。平原上的色彩丰富，尤其是到了秋天，天气多变，平原上景物的层次也就越丰富。平原的气氛是通过色彩传达出来的，通过色彩的变化以及地面本身的起伏，平原的气氛也得以体现。

画面中的油菜花平原与河水的色调变化使画面的色彩更为丰富，明暗的对比使风景更加迷人。

在画面中，天空占据了画面的三分之二，使画面显得宁静、高远。

地势的变化，再加上云雾的烘托，高原的气氛得以很好的体现。

5.5 拍摄树林

垂直线可以表现景物挺拔向上的感觉，有助于表现景物的高大形象。垂直线构图方法常用来拍摄森林和树木，画面给人以向上、有力的感觉，画面中有成排的树时感觉会更加强烈。

不同的色彩有不同的视觉感受，很多时候，靠一种色彩来强调或突出某种气氛或情绪是不够的，单一色彩的画面往往没有对比色画面给人的视觉感受那么强烈。在具有多种色彩的画面中，首先要确定画面的基调，再通过色彩的对比来达到我们想要得到的效果。

在画面中一条直线代表的是个体，而多条垂直线的存在体现的是一种气势和状态。采用垂直线构图方法来拍摄树木时，若是单棵的树木，需要有与之相对比的物体存在，以体现树木生存的状态和环境；若表现的是树林，则强调的是整体的气势。

在画面中，使
用冷暖色调的
调和，既可以
表现出树木旺
盛的生长状
态，又可以
使画面显得稳
重、深沉。

薄雾透过树
枝间的空隙
变成生动的
光束，有助
于表现出清
晨 时 分，林
间 雾 气 弥
漫、光线迷
离的场景。

不同的季节给树木带来了不同的色彩，秋天的森林可谓是色彩斑斓，通过对这些艳丽的色彩相互对比、映衬，可以突出强调森林所特有的魅力，强化表现大自然的神奇。

5.6　拍摄沙漠

沙漠流动性较强，再加上风力的作用，因而造就了沙漠所特有的曲线。因此，突出曲线就成为表现沙漠形状的最好方式，或绵延，或起伏，沙漠的曲线美得到了最好的诠释。

1. 富有表现力的拍摄光线

不同的光线会赋予物体不同的表现力，沙漠也同样如此。顺光下的沙漠略显平淡，而逆光下的沙漠由于光影关系的存在则赋予了沙漠更多的神秘气氛。中午的阳光过于强烈，而早晚的光线则更适合表现沙漠逆光的效果。

在侧逆光下，沙漠柔和的曲线美会得到很好的展现，若画面中加入动物和植被，则会体现沙漠的生机和悲壮的美。

2. 利用景物衬托

广袤的沙漠总给人以荒凉、苍茫的感觉，在画面中只拍摄连绵的沙丘有时会显得很单调。如果在画面中适当安排一些沙漠中的生物，会使画面更加生动，让人产生丰富的联想。

拍摄沙漠时，往往需要寻找一个视觉上的焦点，如一只动物或者沙漠中生长的植物等，把它们安置在画面的视觉中心点上，有助于丰富画面，起到画龙点睛的作用。

5.7　拍摄雪景

　　冬天的雪后别有一番难得的景致，银装素裹的世界成为许多摄影师的最爱。拍摄雪景很容易得到高调的照片，画面以白色或浅色的亮调为主，辅以小面积的深色的拍摄主体，而白雪则提供了拍摄高调照片的背景。白雪覆盖了杂乱的物体，使拍摄场景得到净化，主体更加突出。

在光线比较柔和的情况下，白雪的反射不是很强，与景物之间反差相对较小，有利于表现白雪与景物的平衡。

　　雪景虽是大范围的白色，但是在特殊光线的作用下，呈现在摄影画面上的雪景会出现不同的色彩变化。早晚的光线会使雪景披上一层霞光，雪白的景色变成了暖色调，而由于光线色温的存在，在背阴面的雪景则会出现蓝色调，在画面上形成一种对比色。在拍摄雪景时，增加曝光会还原雪的颜色，而减少曝光则会使雪景变暗，利用光线有意识地改变色彩则可以起到改变人们视觉习惯的效果。

利用色温的变化，使拍摄的雪景画面略带暖色调，给人一种温馨的视觉感受。

利用清晨或傍晚时分的低色温，拍摄蓝色调的雪景，给人以寒冷、洁白的感觉。

5.8 拍摄建筑

建筑的风格表现了城镇和城市的特征，如江南水乡的徽派建筑，城市里高耸的写字楼等。不管是哪一种建筑都有自己的特征，摄影师要考虑什么位置、什么样的光线能够诠释这种特征。

1. 拍摄角度

拍摄角度对于拍摄对象的表现力具有非常重要的影响，它往往决定着摄影作品的成败，建筑摄影尤其如此。一个独特的角度会引起人们的新鲜感，吸引人们的注意。

正面视角构图时采用平视的方法进行照片的拍摄，适合拍摄大场景与四平八稳的主体。所拍摄的照片画面较平稳，不易产生透视变形，但对视觉的冲击力不大。

采取正面视角进行拍摄时，可以更好地利用主体本身的色彩、造型或运用景深的控制来打破画面的单调感。

除了在正面平行拍摄外，建筑物都会存在不同程度的变形，这也为我们拍摄建筑物提供了更为广阔的发挥空间。俯视角指相机的位置比被摄体高，有种居高临下的感觉，可以表现景物的高低落差、距离感。这种视角构图常用于拍摄大场景，可以展示更多的画面内容，避开前景的遮挡，将更完整、更全面的景色拍摄下来。

除了俯拍全景，拍摄者还可以仰拍建筑，利用透视原理中线条的汇聚来表现建筑物的高大。仰拍时，拍摄者要控制好相机和建筑物之间的距离，以此来控制仰拍所造成的建筑物的变形。

在仰拍建筑时，拍摄者最好找一个与之相关的物体作为陪衬体，这样既可以产生画面上的关联，又可以通过对比来体现建筑物的高大外观。

摄影师要拍摄一幅城市的全景图，就需要找一个绝对制高点，如城市周边的山，或进行航拍。

采用仰视角拍摄，会使被摄物体看起来更为高大、重要，且具有戏剧性张力，也可以让观赏者感到自己是由下往上看，有身临其境的效果。

2. 利用环境烘托主体

　　由于建筑物具有不可移动性，选好拍摄位置对取景构图尤为重要。拍摄位置应有利于表现建筑物的轮廓、层次和环境。轮廓是建筑物的主体，层次是表现空间的变化和深度，而环境则不仅仅是为了衬托建筑物，创造一种气氛，其本身就是建筑物一个不可缺少的组成部分。巧妙地利用建筑物周围的景物作为陪衬，对建筑物本身起到烘托作用，会营造出更美妙的艺术气氛。

　　利用倒影来拍摄建筑物或者城市，是增强作品画面感最为简单有效的方法。在城市里，可以利用雨后地面的水潭、建筑物前面的水池，或者建筑物本身的玻璃镜面来拍摄出倒影/倒映的画面。天然的对称度，可以马上提升画面的美感。

3. 利用光影关系

　　在拍摄建筑物时，有效地利用光影关系可以展现建筑物的立体感，而特殊的光线则会形成特殊的光影效果。光线具有独特的造型功能，不管是拍摄建筑物的整体还是局部，光线会使我们平时所见的建筑物产生明显的明暗变化，再加上独特的拍摄视角，建筑物会产生更多形式上的变化。

借助街巷形成的光影进行构图，展现出其特有的美感。同时，画面中一角的天空，照射在墙面的阳光成为了画面的亮点，起到了画龙点睛的作用。

4. 利用雨雪天气

雨雪天出门，我们更容易拍到城市中那些少见的、具有故事性的画面。敏锐的摄影师可以抓住任何瞬间美景，拍摄出特殊天气下的建筑之美。

5.9 拍摄全景

全景摄影因其能包含更丰富的内容，呈现更宽广的视角被众多的摄影爱好者喜爱。全景照片能给人带来大气磅礴的感觉，特别适合拍摄大型活动、壮丽的自然景观。较早之前，拍摄一幅全景照片需要非常专业的设备和技术。但是，随着技术的进步和手机摄影的普及，我们只需要掌握一些简单的操作和技巧，也可以利用手中的设备拍摄出看起来还不错的全景照片。

5.9.1 使用手机拍摄全景

想要一步到位地拍摄一张全景照片，最直接、简单的方法就是使用自带相机里的全景模式。无论是iOS还是Android系统，全景模式都很容易找到。

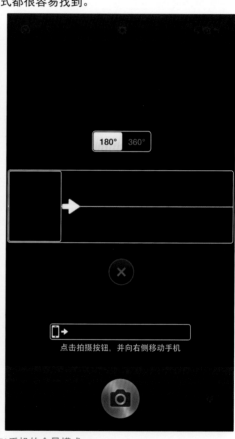

左图为iPhone手机的全景模式，右图为Smartisan T1手机的全景模式。

除了相机自带的全景模式以外，全景拍摄还可以借助手机的App来完成，如DMD全景拍摄、百度圈景、360 Panorama等。

当采用全景模式拍摄一张全景图时，操作十分简单。按照屏幕上的提示和指引箭头，缓慢平稳地移动手机即可完成拍摄，且相邻照片需要有重叠部分，方便后期拼接合成。

拍摄过程中，拍摄者务必双手持握手机保持稳定。

5.9.2　全景拍摄技巧

使用手机拍摄全景照片时，拍摄者需要注意以下事项。

1. 取光合理，锁定曝光

因为全景照片包含的范围大，所以拍摄者一定要保证取光合理，尤其是要避免前半部分顺光，后半部分逆光的情况发生。当然也可以通过这样的取光来实现一些更有艺术感的拍摄效果。另外，拍摄者拍摄时一定要通过长按拍摄界面锁定曝光和对焦，如果不锁定对焦，会存在拍下一张照片后焦点变了的情况；如果不锁定曝光，那么问题或许会更加严重，可能存在两张相邻的照片测光完全不一致，导致合成时的连接部分特别明显，甚至合成失败。

2. 保持平稳、缓慢移动

拍摄全景照片时，拍摄者务必确保手机平稳，最好是使用双手持握手机或者是借助手机适用的三脚架，避免因上下画幅变动导致的画面畸变。另外，拍摄者拍摄时一定要匀速、缓慢地移动手机，否则会导致拼接不完美和画幅损失。

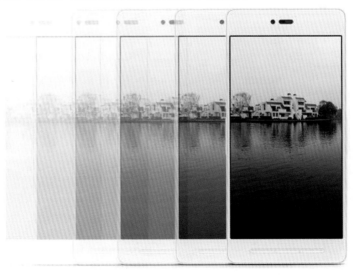

拍摄者在拍摄的过程中移动手机时，手容易出现晃动，拍摄的作品就会出现水平线或者是天际线歪斜。因此，其拍摄时要非常留意白色箭头的尖端是否紧贴着黄色线移动。

3. 选择拍摄地点

全景拍摄的地点选择特别重要。一般情况下，拍摄地点都是一些气势恢宏，场面广阔的地方，如连绵不绝的山脉、湖泊以及宏大的建筑群等。视角多选用平视，因为选用仰视或者俯视时，镜头呈现时会有更多的畸变，拼接时的效果不会很好。另外，拍摄位置距离被拍摄主体要保留相当远的距离，否则拍出来的照片一点气势都没有。

全景视角还原了崇山峻岭的强大气场。

4. 选择拍摄场景

拍摄场景的选择也十分重要，建议全景拍摄用于静止的场景。如果使用全景来拍摄动态的场景(比如一场草坪演唱会或者是川流不息的马路)，最后合成出的效果就是下面的跃动的人群变成一片重影或者道路上的不同位置出现同一辆车。但是，我们也可以利用重影特性拍出像下图这样的十分有创意的照片。

巧妙地利用重影特性，让人拥有了"分身术"。

如果你使用全景模式去拍摄一个场景，纯粹只是为了记录或者是展示给别人看。那么，手机自带的全景模式就足够了。虽然会遇到拼接不好，像素压缩等问题，但是基本的观看是没有问题的。

如果你真正喜欢上了一个宏大的场景，并且想把它珍藏下来，那么推荐采用先拍摄再合成的方式：先将拍摄好的一组照片导出到电脑上，放到一个单独的文件夹里，浏览一下所拍摄的照片，仅保留单独重叠的相邻照片，删除那些多次被重叠的照片，然后打开Photoshop软件，选择【文件】|【自动】| Photomerge命令，打开下图所示的Photomerge对话框，单击【浏览】按钮，选择照片组文件夹，然后选中【混合图像】复选框，单击【确定】按钮即可合成并导出照片。

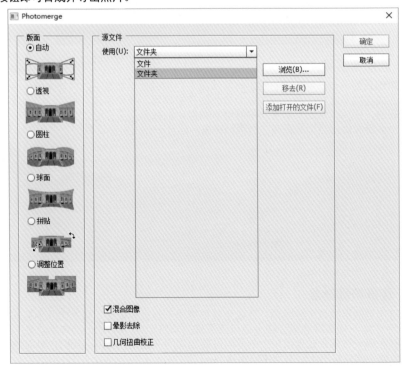

Chapter 06

静物摄影

6.1 掌握静物摄影

　　静物摄影是日常生活中常常接触到的摄影题材，摄影师通过静物摄影可以锻炼构图、布光等能力。

6.1.1 色调结合情绪

　　在静物摄影中，色调与情绪相互制约，使用不同的色调进行构图，可以传达摄影师不同的思想感情。一幅优秀的静物照片能与观赏者情绪存在着相互影响的关系。如绿色有使人镇静的作用，同时也是一种很好的平衡色。

拍摄静物的关键在于直接表现主体。在柔和的光线照射下，画面形成的明亮色调，简单而直接地烘托出被摄体。

利用室内的暖调光源，很好地呈现出不同材质物品所折射出的不同光泽。虚化背景，可以更好地突出主体。

红色代表健康和活力。使用特写镜头拍摄红色的蔬菜，可以表现主体的新鲜感。

6.1.2　表达意念形式

    好的照片要有好的题材，而题材的选择，是由摄影师的主观意念所决定的。摄影师通过照片来传达自己的看法，分享构图中的趣味。

    静物摄影的构思就是要通过一组静物表达作者的一种意念，这个意念是多方面的，如反映时代精神、表达一个哲理、表现静物的特征、表现静物的形态和质感，用于观赏和鉴定等。由于表达意念的不同，静物摄影在创意和构图上也就有所侧重。静物摄影如用于观赏，摄影师就要注意表现静物的形和质；用于宣传，就要注意表现静物的外表特征和实用功能等。因此，在构图、用光以及背景安排上，摄影师都要根据静物摄影表达意念和目的的不同而有所区别。

夏日阳光下的汽水瓶，让人联想起青春的热情和活力。

做好的营养搭配的一盘沙拉，清新恬淡，暗含一人食的意味。

6.1.3　组合拍摄对象

　　摄影师开始拍摄静物题材之前，首先必须确定拍摄对象。静物摄影常见的主体对象包括自然物体和人造物体。其确定拍摄对象之后，便可对画面上造成影响的物品和其他内容进行排列，并准备好必要的灯光、反射体和其他设备。摄影师可以通过增减物品构造组合，直到获得满意的效果。通过选择拍摄对象组合的色彩对比、协调来突出画面主体。

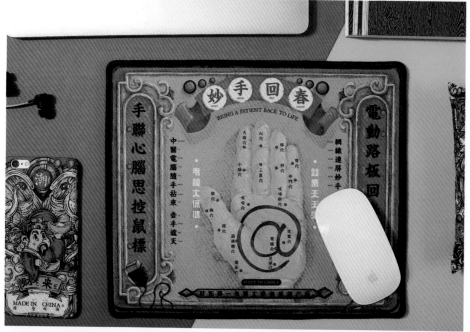

使用横构图拍摄鼠标垫，突出其整体造型，以表现主体的存在感。

6.1.4　拍摄对象的照明

　　光线的运用对静物摄影非常重要。光线直接影响静物的色彩、影调和形态的表现。因此，拍摄同一静物时，如果光线不同就会产生不同的意境。

明亮的光线使画面呈现明快、洁净的高调效果。

柔和的光线可以使画面显得自然、柔和。

逆光拍摄可以使画面更具立体感，增加画面厚度，提升主体的神秘感。

　　为静物组合提供照明有几种方法：一是把被摄对象放在窗户附近，以便使用日光作为主要光源；二是如果光线过于强烈，可以使用半透明的物体遮住窗户，使光线变得柔和一些；三是如果没有窗户，或者窗户外没有足够的光线，可以使用带有闪光部件或电动闪光单元的柔光箱；另外，使用一些反射体也可以将现有或人造光线反射到场景中为拍摄对象提供照明。

　　无论使用哪种光源，一般都使用侧光源，这样可以确保场景中静物的形态、肌理都清晰可见，并可以在画面中表现出很好的立体感和空间感。侧面照明的角度变化，会呈现出不同的画面效果。

拍摄美食时，使用自然光线体现食材的自然品质，同时尽显不同对象间材质的变化。

6.1.5　选择拍摄角度

　　静物本身的外形是固定的，但我们可以从不同的角度去观察对象，找一个能够突出并清楚表达对象的角度，然后安排拍摄的布局。

使用俯视角可以拍摄美食和器皿的细节，同时，景物的分布增加了立体感和空间感，增强了主体的表现力。

6.1.6　选择搭配背景

　　拍摄对象的背景和环境，影响着主体形象的意蕴和视觉美感的表达。在按动快门之前，摄影师需要留意主体对象所搭配的背景与环境，考虑它们在画面中所起的作用。由于静物摄影的主体对象一般相对较小，因此尽量使用简洁背景更易于突出主体。

　　要简化背景，突出主体，一种方式就是使用纯色背景。这样能够避开杂物的影响，有效地吸引观赏者的注意力。

使用简洁背景是将拍摄对象突出于画面之中最有效的途径。

采用单纯色彩背景来衬托主体进行拍摄，使画面简洁且具有视觉冲击力。

　　另一种简化背景的方法就是虚化前后景。虚化前后景是静物拍摄中常用的一种技巧，这种方法可以突出主体，美化画面。在拍摄时，可以使用大光圈、长焦距、靠近拍摄的方法，虚化主体对象周围杂乱的环境。通过虚实、色彩、大小、形态等多方面的对比烘托画面气氛，使照片富有更加浪漫的意境。

虚化背景中的湖景，和前景中独树一帜的莲花骨朵形成对比。

6.2 拍摄金属、透明物品

很多摄影师都很头疼金属制品和透明物品的拍摄，这些物体表面的反光让他们不知所措。

1. 拍摄金属制品

摄影师拍摄金属制品时，应当格外小心金属制品表面的反光，金属制品的体积通常较小，故而也要采取特写方式拍摄，拍摄时需要注意缩小光圈、准确对焦。

为了使冰冷的金属具有生命力，则以直射光源、低调拍摄较为合理，因为金属制品本身极易反光，所以应当利用一些反射光线进行拍摄。

直接使用灯光拍摄时，如果高光部分的光线控制得不是很好，层次被高光填充，会造成局部曝光过度。为了避免类似的情况发生，我们可以使用反射光源来控制反光效果。

利用金属制品的反光特性，保留反光，只要位置合适，可以很好地表现物体的质感。在布光时，要尽量注意灯光在反光物体表面的形状。

2. 透明物品的拍摄

拍摄玻璃器皿的时候有着和拍摄金属物品类似的问题，就是反光问题。因为玻璃材质的物体呈透明状，光线穿透能力较强，所以在用光的时候应更加细腻。对于透明的玻璃容器，应当拍出它的层次光泽感，因此，需要充分利用间接照明和光的反射。

使用浅色背景，结合侧光可以表现出主体对象的通透感。

6.3　拍摄美食

　　拍摄美食最重要的是要表现出食物的美味。食物种类很多，一般情况下，拍出光泽效果能让其显得更加可口。因此，大多数食物适合采用直接照明的方式拍摄，直接照明可以制造出强烈的亮区，让食物看上去色泽鲜艳，更加诱人。

从食物拍摄的角度来说，最容易拍摄的是色彩鲜艳的食物，诸如日式料理的海鲜丼、散寿司，或是西式糕点、下午茶等，都是色彩很丰富的食物。

利用日光照出来的色彩是最丰富、饱和的，不过有些拍摄地点的玻璃幕墙会造成色偏的现象，拍摄时需要注意设定白平衡。

浅景深运用在拍摄食物中，绝对是无往不利，除了让人感觉比较专业之外，也能凸显主体，营造食物近在眼前的临场感。当然对手机来说，要营造出浅景深不是件容易的事情，不过只要注意尽量近距离拍摄食物即可，若有手动对焦的功能可以先拉到最近距离，然后再移动手机构图对焦。

使用手动对焦，制造适当的浅景深场景，使多个食物排列起来，创造出丰富的色彩叠加效果。

添加VSCO的滤镜效果，使得食物的港式复古味十足。

如果觉得单纯拍摄食物太单调无聊或是整个画面没有活力，又想要在自然情境下生活化照片，最简单的方法是使用完全免费的道具——双手。当然，手在照片里面还是配角，它在画面里是有意义的(拿着三明治、刀叉、酒杯等)。

如果拍摄的主体比较单一或体积比较小(如水果、果干或坚果)，可以采用双手捧住或集中在碗里来拍摄。这样不仅可以聚焦人的视线，也可以展现出食物的实际比例。

美食的构图一般指食物的摆放，其中又包含了比例、近距离、裁切等。比例和平衡有密不可分的关系，因为比例正确、画面平衡，整体感觉会让人很舒服。画面的比例不单单指摆设或位置，画面的装饰(食器、背景、道具等)和食物的比例也很重要。

如果不知道要从何处开始摆放，我们可以将要拍摄的主体放置在画面的正中央，然后以它为正中心往画面的四周慢慢加入要摆设的道具。

6.4 拍摄微距

　　随着手机摄像头硬件实力的提升，人们越来越多地使用手机来记录生活场景，很多人经常会使用微距拍照，因为微距更能表现某一方面的细节，能有很好的表达效果，能让人直观地欣赏这个物体的细节。

1. 选择背景

　　与静物照片不同，微距或近距摄影对画面的组合要求不多。通常，如果与拍摄对象过于接近，场景中就不需要其他的物品了。也就是说，摄影师需要仔细考虑照片的背景，确保背景能够对拍摄对象起到补充作用。

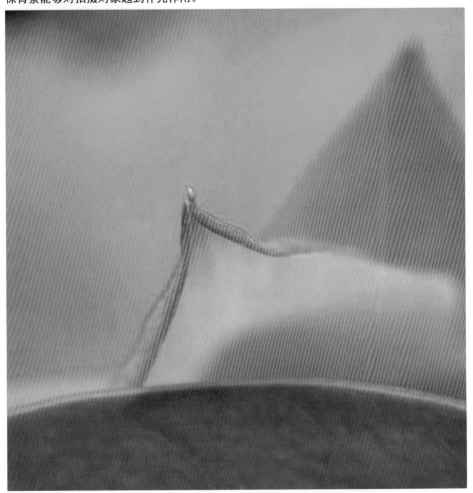

拍摄小荷才露尖尖角的情景，利用前后景的绿色，衬托出花瓣的粉嫩，使用简单背景衬托花朵的娇艳。

2. 选择对焦

　　很多高端手机都有不错的背景虚化功能，摄影师在进行微距摄影时，画面很容易出现对焦失误的情况，因此，摄影师应保持足够的耐心，延长对焦时间，等待焦距变清晰后，再按下快门，完成拍摄。

使用暗色的布料做背景，保持背景的干净、简单，调整焦距，待主体清晰后按快门，让主体更加突出。

3. 选择微距镜头

所有镜头都有一个最近对焦距离，如果镜头离被摄物体太近，小于最近对焦距离时是无法对焦的，所以对于微距摄影来说，普通的镜头如果无法满足拍摄需要，用户可以根据需要选择市面上的手机专用微距镜头，这样就能够拍出更佳的微距细节。

为了尽量减少我们身体带来的抖动，在按动快门的过程中一定要屏住呼吸。因为微距镜头的对焦范围很小，所以哪怕是轻微的抖动都会影响最终的成像。

清晨的昆虫不太灵活，懒洋洋的，我们很容易抓拍到其独特可爱的瞬间，等太阳出来以后，它就渐渐开始活跃起来，比较难抓拍到它的瞬间动作。

6.5 拍摄植物

源于对大自然美丽事物的欣赏，植物始终是很受摄影师欢迎的拍摄对象。植物的种类繁多、色彩丰富、形态也各具特色。在拍摄时，如何将植物很好地融入画面中，利用环境突出主体，这就要求摄影师在拍摄过程中尽可能地去寻找最能体现其艳丽色彩、质感和特殊形态的构图。

6.5.1 色彩的把握

色彩是拍摄植物题材的关键所在。在确定了拍摄主体后，摄影师就要考虑与之相配的景物色彩。在画面上，既有一个明显的基调，又有各色之间的细微对比与协调才能使照片更加出彩。另外，在拍摄以植物为主的照片时，摄影师应尽量简化背景，减少画面中与主体无关的对象，或是使用不同的背景颜色来衬托主体，突出主体。

白色的莲花在暗色调的背景衬托下，优美的形态和洁白的色彩都显得尤为突出。

拍摄时，植物的色彩显得尤为重要，即使背景简单，主体的色彩给人的深刻印象也是一大亮点。

拍摄花卉时，色彩显得尤为重要。在画面中，使用强烈的对比色和合理分配的面积比例，使主体在画面中让人印象深刻。

6.5.2 拍摄角度的选择

拍摄植物照片时，摄影的角度非常重要。相同的被摄体，由于拍摄角度的不同，其画面效果也会大不相同。

拍摄角度是指相机相对于拍摄对象的位置，可分为俯拍、仰拍和平拍等高低左右不同的各种摄影角度。角度稍微变化，也会对构图带来影响，所以，我们要认真观察拍摄对象，为之选择适合的拍摄角度，并要考虑拍摄对象与周围环境之间的相互关联。一般来说，便于观赏的花圃或花坛里的植物，多采用俯视角拍摄，而较为高大或处于高处的植物多采用仰视角来拍摄。

使用俯视角拍摄花卉，可以将其盛开的形态一览无遗地在画面中进行展现。同时，花朵形成的棋盘式构图，让画面富有节奏感。

采用仰视角拍摄的花卉，展现了花枝的柔美姿态。花朵倾斜的形态，表现出它生长的方向感。

141

为了使画面免于平淡，越是容易拍到的对象，越需要寻找一些特殊的视角进行拍摄，突破常规。

6.5.3　影调与层次的把握

　　影调主要是指拍摄主体受照射光的影响，而产生的明暗层次。光线不同，拍摄主体所产生的影调也不相同。

顺光下拍摄的对象，画面效果柔和、自然。将画面中除主体外的背景进行虚化，衬托主体对象。

顺光，也称为"正面光"。顺光拍摄，就是使相机拍摄的方向与光线投射方向一致的拍摄。使用顺光拍摄时，由于被摄对象受到光线均匀的照射，主体对象几乎没有明显的投影，细节可以很好地呈现在画面中，但同时也减弱了对象表面的纹理效果，因此能够得到影调较为柔和的照片效果。但需要注意的是，如果处理不当，照片画面会显得比较平淡，空间感差。

　　逆光拍摄与顺光拍摄的方法正好相反，画面的效果与顺光拍摄也完全相反。逆光下的拍摄主体，会产生类似透明的效果，整个画面影调清新，层次丰富。需要注意的是，逆光拍摄可能会出现曝光不足的问题。

逆光拍摄让花朵的色彩饱和度和质感得到加强，层次丰富，主体突出。

　　使用侧光拍摄时，由于被摄对象一侧受光，另一侧背光，因此，被摄对象有明显的明暗面和投影，对景物的立体形状和质感有较强的表现力。侧光拍摄在摄影构图时要注意突出主体。

利用侧光进行拍摄，可以增强主体的立体感，周围点缀些装饰品，将主体部分清晰地呈现在画面中。

高调画面可以简化画面效果，突出主体，渲染气氛，增强艺术感。

6.5.4　形态的运用

　　世界上的植物有几十万种，千姿百态，就是同一株植物上也没有重样的主体，这是其成为摄影师所喜爱的拍摄题材的原因之一。在拍摄植物题材时，摄影师要综合利用拍摄现场的各种条件，对各种因素有取舍地加以选择和利用，例如光线、背景等各种因素，来充分展现主体的形态。

利用背景砖块摆出的三角构图，更能衬托出主体植物的茂密，画面的构成也具有稳定感。

给画面换上单一的纯黑背景，更能展示主体的特异形态，制造富有情感的气氛。

6.5.5　表现画面意境

　　为了使画面具有某种特殊的意境，在拍摄植物题材时也需要借助一些特殊的手段来表达摄影师的目的，使画面脱离平淡。

　　为了表现画面的意境，经常采用虚实对比的艺术表现形式，它是借助镜头的特性完成的。运用虚实对比，目的是突出主体，渲染气氛，增强艺术效果。利用大光圈可以将被摄主体前后的景物虚化。在曝光的过程中，摄影师变换焦距或者晃动手机，也可以获得虚实相生的画面，达到一定的艺术效果。

利用虚实对比的方式拍摄花卉场景，运用不同的景深效果制造光线柔和、气氛浪漫的画面。

虽然背景中蓝天白云的比重较大，但由于色彩对比度的关系，底部黄色的油菜花在色彩对比下更能抓住观众的视线，营造出祥和且生机盎然的意境。

Chapter 07

运动摄影

运动摄影是日常生活中常常接触到的摄影题材，无论是昆虫、飞禽以及成群的野生动物，人文街拍，体育活动等，这些都属于运动摄影的范畴，摄影师可以明确地再现被摄主体及其生存环境，同时又要使作品具有创造性。

7.1 了解运动摄影

运动摄影是指在拍摄一个镜头时，摄影机的持续性运动，即在一个镜头中通过移动摄影机机位，或者改变镜头光轴，或者变化镜头焦距所进行的拍摄。通过这种拍摄方式所拍到的画面，称为运动画面。

要使用手机拍摄运动中的物体，其实相当简单。将手机对准想要抓拍的场景，长按屏幕进行对焦，直至焦距固定，松开手指后其仍处于对焦状态。保持手机固定，等待运动物体进入手机镜头范围，快速按下快门即可，因为事先进行对焦，所以可以抓拍到清晰的运动照片。

此外，如今的手机很多都自带了运动模式的拍摄功能，在这一模式下可对所拍摄对象的运动趋势进行预测，并改变相应的曝光、快门速度等参数值，以及启动防抖动模式等，从而获得质量较高的相片。

手机的拍摄精彩瞬间的功能较弱，因为对焦速度跟不上反应速度，但对于持续的画面拍摄没有问题，比如接力赛、短跑和长跑画面。

手机在拍摄运动画面方面并没有优势，但手机有一个比较突出的功能，就是连拍能力很强。具备10张/秒连拍的手机很多，开启这一功能，可以拍一个连续的画面，抓拍运动的瞬间的成功率大大提升。开启急速连拍，可以拍摄多张画面，然后从中选择一张满意的照片。

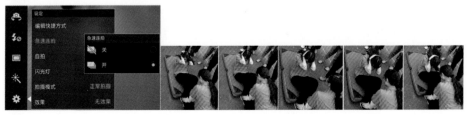

7.2　体育摄影

　　体育摄影是把体育运动中的扣人心弦又稍纵即逝的精彩瞬间形态捕捉下来，强化观赏者对体育竞技惊险、激烈和趣味性的艺术审美感受。体育摄影作品虽然是静止的画面，但它呈现给人们的却是紧张激烈的竞赛气氛和惊险优美的瞬间。

7.2.1　了解比赛节奏

　　体育摄影主要靠现场抓拍。在每一场体育比赛中，具有典型、象征意义的精彩瞬间是有限的。因此，拍摄体育比赛，摄影师首先应该熟悉基本的比赛规则和规律。当摄影的技术操作已不再成为问题时，摄影师对运动项目的了解越深入，越能够增强对典型瞬间的预见性，在拍摄时更加得心应手。

抓拍运动员发力的一瞬间，使人体验到自行车运动的魅力。明亮的光线可以使运动画面显得自然、生动。

7.2.2　选择合适焦距

　　如果是使用数码相机拍摄体育镜头，一支f/4，甚至f/2.8的恒定光圈镜头是必不可少的，这类镜头的成像质量优异，并且在使用长焦拍摄时，也能够保证使用镜头的最大光圈拍摄。

　　使用手机拍摄时，摄影师可以使用本机自带的焦距调节，也可以购买一个外挂在手机上的长焦镜头，比如索尼的QX30镜头，这款产品支持30倍光学变焦，可以在较远的距离拍摄更清楚的照片。

索尼的QX30镜头可以使用Wi-Fi或NFC连接手机，操作方便，如果长时间使用，需要移动电源支持。

7.2.3　选择拍摄位置

选择体育比赛的拍摄位置至关重要。一个有利的拍摄位置和精彩的照片往往是紧密联系在一起的，对于捕捉关键动作的瞬间起到很大的作用。拍摄时，摄影师尽量选择靠近运动员，并尽可能避免拍摄时有杂乱背景的位置，尽量选择赛事高潮容易出现的地方，如篮球比赛的投篮点，短跑比赛的起跑点，跨栏比赛的栏架处等都是表现项目特点和赛事高潮的最佳位置。

利用倒影拍摄的画面会让人充满无限遐想的空间。倒影不仅是照片的延伸，更是发挥想象的拍照方式，换个角度看世界会让人出乎意料。

7.2.4　设置快门速度

大多数的体育比赛都注重速度，因此体育摄影常常设置较高的快门速度，并启用连续对焦和高速连拍功能抓取瞬间的动作。想要定格精彩的瞬间画面，至少应该保证快门速度达到1/250s以上。

在使用高速快门拍摄时，摄影师要注意以下一些因素对快门速度的影响。快门速度与被摄对象的运动速度成正比。被摄对象运动的速度越快，凝固画面所需的快门速度也越快。快门速度与被摄对象和镜头之间的距离成反比，距离越近，需要的快门速度越快。快门速度与镜头焦距成正比。使用的镜头焦距越长，快门速度越快。快门速度与镜头和被摄对象之间的角度成正比，角度越大，需要的快门速度也越快。

一般使用摇拍法移动镜头，用镜头追踪主体，并且使主体在曝光过程中处于画面的同一位置。这样一来，主体与镜头之间接近相互静止，而背景与镜头之间相互运动，在长曝光下背景自然会变成模糊的轨迹线，而主体清晰。下图是摇拍法快门速度的参考值。

摇拍法的推荐快门速度

高速运动的汽车或摩托车 ------------------ 1/25秒
自行车或跑步的人 --------------------- 1/30秒
动作缓慢的动物 ----------------------- 1/30秒
距离相机很近的山地车 ----------------- 1/60秒
飞行的鸟 --------------------------- 1/125秒

预判主体路线，对焦主体运动轨迹上的某个物体，然后半按快门锁定焦距，等手机追随到预定地点时再按下快门。

　　试试1/100s~1/30s的快门速度，它能够通过主体或背景的模糊，使画面具有强烈的动感。一种方法是使用三脚架或支撑物保持手机相机稳定，以相对较慢的快门速度拍摄主体模糊、背景清晰的照片。不同的快门速度会产生不同程度的模糊效果，这就需要摄影师在实践中总结经验。

设法在摇拍时保持手机相机稳定，利用1/40s快门速度使足球运动员的脸和身体非常清楚，而他模糊的四肢、球和背景体现了速度和动感。

7.3 动物摄影

　　动物是人类的伙伴，也是摄影师们喜爱的题材。但让它们长时间保持我们想要的姿势很难。因此，在拍摄动物时摄影师需要有足够的耐心、成熟的时机和娴熟的技巧，可以根据不同对象的不同特性、不同的场景、不同的时机，选择适合的构图方式进行拍摄。

7.3.1 接近拍摄对象

　　动物活动性大，经常需要进行抓拍。除了手机自带的变焦系统外，摄影师还可以使用外置的广角镜头用于拍摄更大范围的场景，长焦镜头可将远处的动物拉近进行拍摄。另外，拍摄动物时要尽量避免使用闪光灯，因为闪光灯的刺目效果，可能会把动物们吓得四处逃窜。

　　野生动物对人类保持着相当高的警觉，这给摄影师的近距离拍摄制造了不小的麻烦。除了使用长焦镜头拍摄之外，同时摄影师还需要巧妙地伪装和隐蔽，让野生动物觉得你是它们周围的环境当中的一部分，经过长时间的蹲守，加上机遇的巧合，并配合熟练的拍摄技术，这些客观因素结合起来，才能拍到理想的照片。

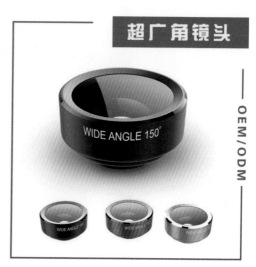

超广角镜头

WIDE ANGLE 150°

OEM/ODM

拍摄动物的困难不在
于技术，而往往在于
怎么接近拍摄对象。
在动物园里拍摄野生
动物是一个比较适合
的场合。

将特写画面加以突
出、放大，最具鲜
明特征的一面会给
观众留下深刻的印
象，紧凑的构图更
具吸引力。

7.3.2 抓准瞬间

不管是野生动物还是家养的宠物，它们好动的天性决定了摄影师要在观察的过程中抓拍它们活动的精彩瞬间，尤其是处于快速运动状态中的动物们。这就要求摄影师对动物的生活习性有一个大概的了解，并在此基础上做出预先的判断，然后进行抓拍。

摄影师抓拍运动中的动物，可以使用事先定焦的方法，等待动物进入照片中心后再按快门进行拍照，轻松定格动物敏捷的动作。

拍摄静止的鸟，我们只需要选择好拍摄地点和角度，然后按下快门即可，但是要抓拍那些处于飞翔状态或者即将起飞或降落的鸟的时候，就需要凭借我们的经验和预测来拍摄了。但是即便是鸟类专家也不能完全预测出鸟在下一刻的具体活动，因此，想要获得飞鸟具有震慑力的某一瞬间，我们就必须在预测的基础上进行多次的尝试。

拍摄动物时的快门速度一般不低于1/60s，对于动作敏捷的动物要使用1/125s以上的快门速度。只要对焦速度足够快和果断，搭载广角镜头的手机也能拍摄到飞翔中的鸟。

拍摄昆虫最精彩的动态瞬间，摄影师需要在长期的拍摄实践中仔细观察。

7.3.3 突出特征

拍摄动物题材可以从其状态和形态两个方面去表现。状态主要表现其生活习性，如休息、玩耍等，可以展示其个性特点。而形态主要表现各种动物所特有的造型美感。

拍摄动物时，可以突出拍摄对象本身所特有的色彩。如上图中正在开屏的孔雀，羽毛构成的汇聚线构图将观赏者的视线自然引向主体对象。强烈的颜色对比，让画面更具视觉冲击力。

拍摄动物的运动姿态可以充分展现它们自然的天性，获得精彩的画面。比如拍马，多了解马的天性，可以用语言与之沟通，这样既可以减少我们自身的危险也能方便后期的拍摄工作。马的胆子是非常小的，在拍摄时，特别是近距离拍摄静态照片的时候一定要注意闪光灯和快门声音，这些东西都非常有可能对马造成惊吓，情况比较严重的更有可能对拍摄者产生敌意。一般来说拍摄奔跑的马都会选择它腾空的瞬间，四肢离地的那一刻是最有镜头感的，想要捕捉这种镜头，更快的快门速度是必需的，1/650s到1/800s都很不错，推荐使用连拍模式，在马起跳的瞬间就按下快门。

使用连续拍摄功能，将每一个动作姿势拍下来，选择自己认为不错的照片再进行修饰。

7.3.4　利用环境衬托

　　每一种动物都不是独立存在的，它们都有其赖以生存的特定环境，拍摄时要注意环境和背景对被摄主体的烘托，以体现动物们的生存环境。在照片画面中，背景不仅能够衬托被摄主体，还能够烘托画面气氛。

　　选择具有象征、隐喻意义的环境来拍摄，能够深化主题，启发观赏者的联想，而具有时代特征或地域特征的环境，不仅是画面形式的背景，也是画面主体内容的背景。此类环境能够与被摄主体产生联想，强化和丰富整个画面的主题和内涵。

选择一个让
猫感到舒适
和放松的环
境,主动地让
相机跟随着
它们,猫喜
欢钻进狭窄
的空间,储
物柜中的猫
营造出猫群
其乐融融、
自由自在的
天性。

在选择和处理背景环境时，应注意背景环境的形态、色调等因素，使背景环境与主体有某种关联。

由于昆虫的体积都相对较小，只有在周围环境的反衬下才得以显现它的身躯。因此，在背景色彩的选择上要多下功夫，尽量地多角度观察被摄体，并选择能够突出昆虫的背景，让昆虫从背景中脱离出来，用颜色的对比或者影调的明暗来烘托被摄主体，使之处于显著的位置。

在选择和处理背景环境时，应注意背景环境的形态、色调等因素。使背景环境与主体形成一定的对比变化，从而避免主体和背景环境太过相近或雷同，使画面层次感显得过于平坦。

7.3.5　虚化前后景

　　拍摄一些体积较小的动物时，往往需要使用带有微距功能的手机拍摄。为了突出这些体态娇小的动物，可以将前景和背景都变模糊，进而使其化繁为简，起到衬托被摄主体的作用。

使用微距功能虚化干扰视线的前后景中的杂乱景物，将主体呈现在画面中，充分捕捉被摄对象的形态。

使用特写模式可以在画面中展示更多的细节效果，同时通过虚实对比颜色的反差，突显主体形态特征。

7.3.6　宠物摄影

　　家养宠物相对于户外的野生动物来说，更易于拍摄。拍摄可以选择在其较为安静的状态时进行，以展现宠物可爱的一面。另外，很多宠物对熟悉的食物或主人的指令也会做出相应的反应，拍摄者抓住适当的机会进行拍摄，可以捕捉到精彩的瞬间。

拍摄宠物要注意其所处的环境，杂乱的背景会直接影响照片的效果。尽量选择简洁或与主体反差大的背景，这样拍摄的宠物会更加醒目。

俯拍是一个大多数场景都能获得独特视觉冲击的拍摄角度。拍摄猫也不例外，俯拍能够避开周围杂乱的环境，获得简洁并突出猫的画面效果。

猫通常都会做一些看起来"呆萌傻"的动作，摄影师可以把这些瞬间拍下来，合理运用场景创意构图，使画面更有趣。

拍摄特写画面容易突出宠物的表情和神态。摄影师要想展现宠物与众不同的个性，就要注意捕捉容易令人产生联想的神态。

摄影师在户外拍摄宠物时，可以让宠物和主人进行互动，拍出的画面更加动感、温馨，显露出人与宠物之间的浓厚情感，不过在户外要注意控制好宠物的情绪和动作。

在弱光线条件下拍摄时，猫的瞳孔会放大。在弱光下开大光圈拍摄或用逗猫棒吸引猫的注意力，这样拍摄的猫的瞳孔是圆溜溜的，更显可爱。

摄影师抓住宠物安静放松的时机进行拍摄，同时将画面背景元素纳入，突出了主体对象，使画面和谐、统一。

7.4 人文街拍

　　人文纪实摄影是以记录现实生活为主要诉求的摄影方式，如实反映我们生活中所看到的现象，具有记录和保存的价值。街拍即是捕捉街头人物互动瞬间，留住生活中的美好。

1. 街拍的魅力

　　纪实摄影需要摄影师真正了解并尊重被摄对象，不虚构、不粉饰、不夸张，以抓拍的方式再现真实的情景。纪实摄影作品无论美好或是丑陋，都在于表现真实的世界，引起人们的关注，唤起观赏者的共鸣。

　　使用手机街拍需要摄影师随时注意周围的光线、人物及场景。一名合格的街拍者，需要手机随时保持在摄影状态，随时将手机画面解锁进行拍摄。有些手机自带方便快捷地打开相机的方式，比如HTC U11手机提供了"挤压EdgeSense"功能，透过挤、压的互动操作，让用户无须触碰屏幕按钮，就能直接进行拍照、自拍等操作。

HTC U11手机的使用很方便，手机一捏就可以启动相机等设置功能，压力感应都可以调整，可随着用户的习惯调整挤压力道。

　　纪实摄影不能盲目地记录，需要对拍摄题材进行选择，一般应该选择自己所了解并关注的题材或感兴趣的题材，还有就是一些突发事件，并可以引人持续关注的题材，或一些还没有引起人们关注的社会现象等。

提示 Tip

　　由于纪实摄影是一种记录，对于拍摄环境，拍摄者无法选择，因此在能力范围内可以选择大光圈的外置镜头，以便应付各种拍摄条件。

各种大型的民俗活动是人文纪实摄影中常见的题材。

外出旅游，可以拍到平时难以接触到的异乡异色，浓郁的生活气息带给观赏者特别的感受。

2. 使用黑白摄影

黑白模式拍摄在纪实摄影中被广泛运用。我们常用黑白照片表现纪实摄影作品主要有两个原因。第一个原因是在第二次世界大战之前，所有的照片几乎都是使用黑白胶卷拍摄，那时候很多战争主题的纪实照片一直流传到现在，这些照片也是我们对于纪实摄影的第一印象。所以这使得我们会有一种意识，认为黑白色的纪实摄影作品更精彩、更有力度。第二个原因是因为社会生活的发展使如今纪实摄影的拍摄环境越来越多样、繁杂，而黑白纪实照片，则会让观赏者的注意力很容易集中到照片的内容上，更容易突出画面中的故事与内容。

黑白模式的照片去除了颜色对画面的影响，画面中表现了繁华街道中行人各走各路的生活状态。

提示 Tip

真正要拍好纪实摄影的照片，需要长期对拍摄对象深入了解。我们只有不断学习、逐渐深入题材，才能获得最具特色的画面效果。

彩色照片可以利用App或电脑软件将其处理成黑白照片。例如，使用"美图秀秀"App，在手机相册中选中要处理成黑白的照片，进入编辑界面后，选中界面下方的"特效"，在特效界面将特效选项向左滑动，选择"黑白"特效，照片就变成黑白的了，然后点击界面右上角的"确认"按钮，再次点击界面右上角的"保存"与"分享"按钮，即可将照片保存到手机并分享到朋友圈等。

如果想要得到一张局部彩色，整体黑白的图片，可以使用"泼辣"App的智能抠图功能，抠出需要原色的部位，然后对其余部分进行变色操作。

3. 题材深度探索

　　纪实摄影的街拍不但需要摄影师拥有敏锐的观察能力，还需要进行拍摄题材的深入分析和探索，寻求代表个人观念的表达方式。这需要摄影师在拍摄过程中不断学习，不断地对拍摄题材及周边信息做一定的收集整理并消化，实际应用到自己的拍摄观念及角度上。这是一项无法用言语表达的学习过程及个人思维过程。

　　有时人文街拍，并不排斥"摆拍"，因为有些画面和构成需要事先进行设置。上图画面中表现了平凡生活中的隐藏的危机状态，带有讽刺和黑色幽默的意味。

拍摄在海边玩耍的父女时，使用黑白浓厚的色调可以使画面和谐、统一并饱含深情。

Chapter 08
使用Snapseed进行后期修图

Snapseed是手机后期图片处理软件中的佼佼者，拥有非常强大的后期处理能力，
无论是在处理照片整体效果方面，还是对照片中的一些细节信息进行微调处理，
Snapseed基本都可以满足我们的操作需求。

8.1 使用调整工具

本节主要介绍Snapseed照片后期处理软件中比较实用的调整工具，只要调整工具使用得当，就能得到令人震惊的照片效果。比如用户可以通过简单的剪裁、视角等工具，就可以使构图欠缺或者光影不足的照片变得完美。

8.1.1 对照片进行二次构图

使用剪裁工具可以对照片进行裁剪，以修改照片的尺寸和比例，使照片中的主体更加突出，下面介绍裁剪照片的操作方法。

Step 01 在Snapseed中打开一张照片，如图8-1所示。

Step 02 打开【工具】菜单，点击【剪裁】工具图标，如图8-2所示。

图8-1　　　　　　　　　　　　　　图8-2

Step 03 此时进入软件裁切界面，并在照片四周显示控制框，如图8-3所示。

Step 04 拖动四角的4个控制柄，调整裁剪框的大小，通过二次构图将建筑物放在画面最中心的位置，以重点突出建筑物，如图8-4所示。

Step 05 调整完毕后，点击屏幕右下角的【确认】按钮 ✓，确认裁剪操作，结果如图8-5所示。

Step 06 点击屏幕右下角的【导出】按钮，在弹出的菜单中选择【保存】选项，如图8-6所示。

Step 07 保存修改后，照片的前后效果对比如图8-7所示。

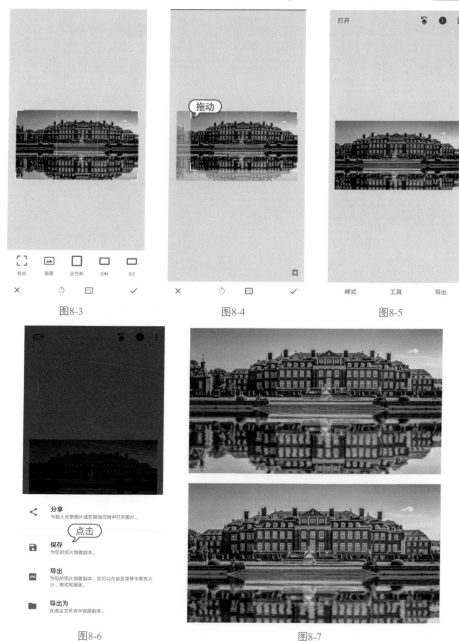

图8-3　　　　　　　　图8-4　　　　　　　　图8-5

图8-6　　　　　　　　　　　　图8-7

8.1.2　调整照片的角度和透视

　　使用Snapseed软件中的视角工具可以对倾斜的照片进行校正，使图像恢复到正常状态，使用该工具可以轻松优化照片的视觉效果。下面介绍调整照片角度和透视的操作方法。

Step 01 在Snapseed中打开一张照片，如图8-8所示。

Step 02 打开【工具】菜单，点击【视角】工具图标，进入视角界面，此时屏幕下方显示【倾斜】【旋转】【缩放】和【自由】4个选项，如图8-9所示。

图8-8　　　　　　　　　　图8-9

Step 03 选择屏幕下方的【旋转】选项，手动拖动照片上的旋转控制柄，如图8-10(a)所示，把图像调整到合适的角度位置，如图8-10(b)所示。

(a)　　　　　　　　　　(b)

图8-10

Step 04 调整完毕后，点击屏幕右下角的【确认】按钮 ✓，确认视角操作，效果如图8-11所示。

Step 05 点击屏幕右下角的【导出】按钮，在弹出的菜单中选择【保存】选项，如图8-12所示。

图8-11   图8-12

Step 06 保存修改后，照片的前后效果对比如图8-13所示。

图8-13

8.1.3　修复照片的瑕疵

如果照片中有十分明显的瑕疵或者污点，可以使用Snapseed软件中的修复工具把瑕疵修复掉。修复工具能够将样本像素的纹理和光照与原图像中的像素进行匹配，保持照片的一致性。下面介绍修复照片瑕疵的操作方法。

Step 01 在Snapseed中打开一张照片，如图8-14所示。

Step 02 打开【工具】菜单，点击【修复】工具图标，进入图像修复界面，如图8-15所示。

图8-14　　　　　　　　　　图8-15

Step 03 在手机屏幕上放大照片至容易处理人像瑕疵的程度，用手指轻轻滑动想要处理的地方，即可进行瑕疵的修复操作。使用同样的方法修复照片上的其他瑕疵，如图8-16所示。

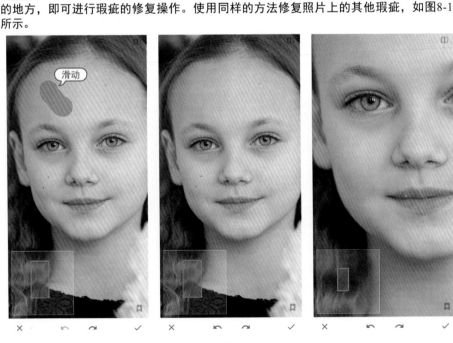

图8-16

Step 04 修复完毕后，点击屏幕右下角的【确认】按钮 ✓ ，如图8-17所示，确认修复操作。

Step 05 点击屏幕右下角的【导出】按钮，在弹出的菜单中选择【保存】选项，如图8-18所示。

图8-17

图8-18

Step 06 保存修改后，照片的前后效果对比如图8-19所示。

图8-19

177

8.1.4 加强画面的层次感

在拍摄一些静物照片时，比如花卉的照片，如果拍的角度不好，拍出来的照片会让人感觉整体平淡，缺少细节和层次感，画面的主题不够突出。在后期处理时可以使用Snapseed软件中的突出细节工具，使照片更有层次感。下面介绍加强照片画面层次感的操作方法。

Step 01 在Snapseed中打开一张照片，如图8-20所示。

Step 02 打开【工具】菜单，点击【突出细节】工具图标，如图8-21所示，进入突出细节界面。

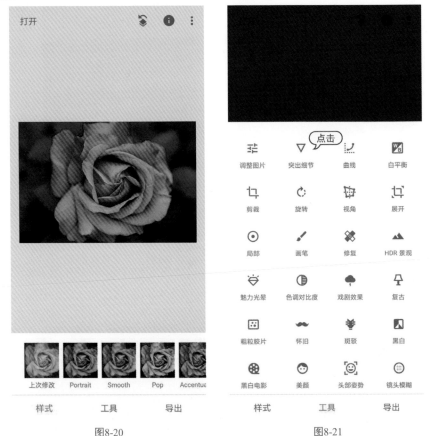

图8-20   图8-21

Step 03 在手机屏幕最上方一行向右滑动屏幕，调整【结构】参数的数值为60，如图8-22所示。

Step 04 点击屏幕下方的【选项】按钮 ，在打开的菜单中选择【锐化】选项，如图8-23(a)所示，然后在屏幕最上方向右滑动屏幕，调整【锐化】参数的数值为50，如图8-23(b)所示。

Step 05 调整完毕后，点击屏幕右下角的【确认】按钮 ✓ ，确认细节修改操作，效果如图8-24所示。

Step 06 点击屏幕右下角的【导出】按钮，在弹出的菜单中选择【保存】选项，如图8-25所示。

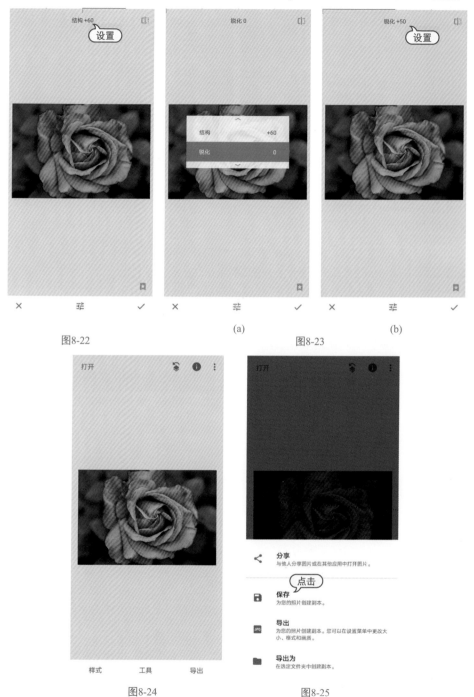

图8-22

图8-23

图8-24

图8-25

Step 07 保存修改后，照片的前后效果对比如图8-26所示。

图8-26

8.1.5 调整人像肤色

用手机拍摄人像照片时，如果曝光不足就会导致人像的皮肤发黑，拍出来的照片会让人感觉整体偏暗。在后期处理时，使用Snapseed软件中的美颜工具，可以使皮肤产生提亮和嫩肤的效果，使人像的轮廓变得更加细腻和清晰。下面介绍调整人像肤色的操作方法。

Step 01 在Snapseed中打开一张照片，如图8-27所示。

Step 02 打开【工具】菜单，点击【美颜】工具图标，如图8-28所示，进入美颜操作界面。

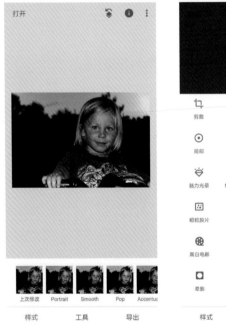

图8-27   图8-28

Step 03 在手机屏幕下方选择【面部提亮1】选项，在手机屏幕最上方一行向右滑动屏幕，调整【面部提亮】参数的数值为90，如图8-29所示。

Step 04 点击手机屏幕下方的【选项】按钮 ，在打开的菜单中选择【亮眼】选项，然后在屏幕最上方向右滑动屏幕，调整【亮眼】参数的数值为10。使用同样的方法，调整【嫩肤】参数的数值为50，如图8-30所示。

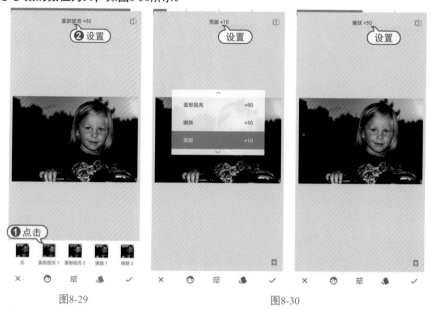

图8-29   图8-30

Step 05 调整完毕后，点击屏幕右下角的【确认】按钮 ✓，确认美颜调整操作，效果如图 8-31所示。

Step 06 点击屏幕右下角的【导出】按钮，在弹出的菜单中选择【保存】选项，如图8-32 所示。

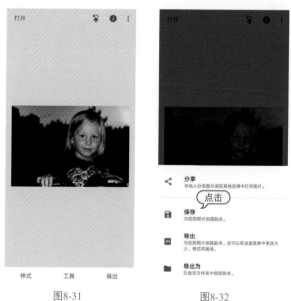

图8-31   图8-32

Step 07 保存修改后，照片的前后效果对比如图8-33所示。

图8-33

8.2 使用调色工具

Snapseed软件具有十分强大的后期调色功能，可以优化画面的色调，修复画面的瑕疵，使画面的色彩更能吸引观众的眼球。本节主要介绍使用Snapseed进行后期调色的相关操作和技巧。

8.2.1 调整照片的曝光

有时拍的照片对象和构图都不错，但是出现曝光不足的问题，这时可以通过后期调色来解决，让照片看起来更加漂亮。下面介绍调整照片曝光的操作方法。

Step 01 在Snapseed中打开一张照片，如图8-34所示。

Step 02 打开【工具】菜单，点击【调整图片】工具图标，如图8-35所示，进入调整图片操作界面。

图8-34

图8-35

Step 03 点击手机屏幕下方的【选项】按钮，在打开的菜单中选择【亮度】选项，如图8-36(a)所示。在手机屏幕最上方一行向右滑动屏幕，调整【亮度】参数的数值为50，如图8-36(b)所示。

使用Snapseed进行后期修图

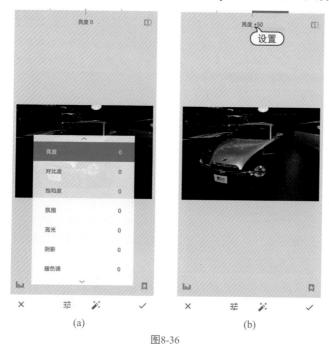

图8-36

Step 04 使用同样的方法，分别选择【对比度】【饱和度】和【阴影】选项，然后依次设置【对比度】的参数数值为40、【饱和度】的参数数值为50和【阴影】的参数数值为-15，如图8-37所示。

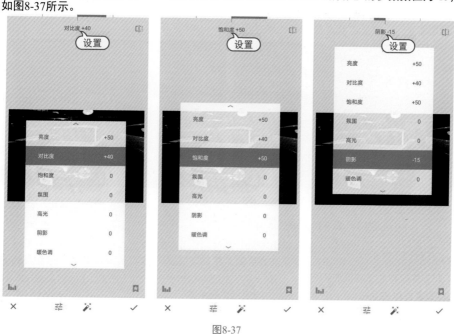

图8-37

Step 05 调整完毕后，点击屏幕右下角的【确认】按钮 ✓，确认图片调整操作，效果如图8-38所示。

Step 06 点击屏幕右下角的【导出】按钮，在弹出的菜单中选择【保存】选项，如图8-39所示。

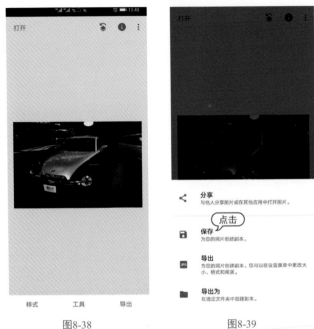

图8-38   图8-39

Step 07 保存修改后，照片的前后效果对比如图8-40所示。

图8-40

8.2.2 加强照片的对比度

如果我们出去旅游时遇到不好的天气，那么拍出来的照片就会太灰、太暗，整个画面的色调也会偏暗，这时我们可以通过去雾的方法将灰暗的风景照片变得清晰。下面具体介绍加强照片对比度的操作方法。

Step 01 在Snapseed中打开一张照片，如图8-41所示。

Step 02 打开【工具】菜单，点击【HDR景观】工具图标，如图8-42所示，进入HDR景观界面。

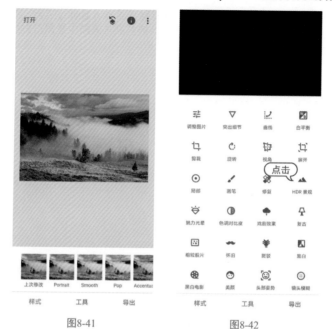

图8-41　　　　　　　　图8-42

Step 03 点击屏幕下方的【选项】按钮 芏，在打开的菜单中选择【亮度】选项，在屏幕最上方一行向左滑动屏幕，调整【亮度】参数的数值为-20，完成后点击右下角的【确认】按钮 ✓，如图8-43所示。

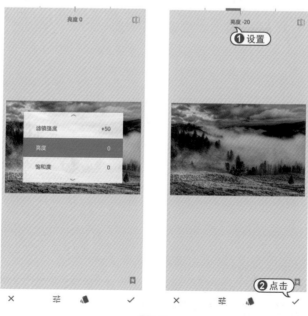

图8-43

手机摄影与后期处理

Step 04 打开【工具】菜单，点击【局部】工具图标，进入其调整界面，然后按住图片中需要调整的区域放置控制点，此时控制点图标为蓝色高亮显示。长按控制点可以使用放大镜功能，这样可以更加准确地定位。此时上下滑动屏幕，在控制点上选择【对比度】选项，调整【对比度】参数的数值为50，如图8-44所示。这一步主要是对远处的山体进行局部细节处理。

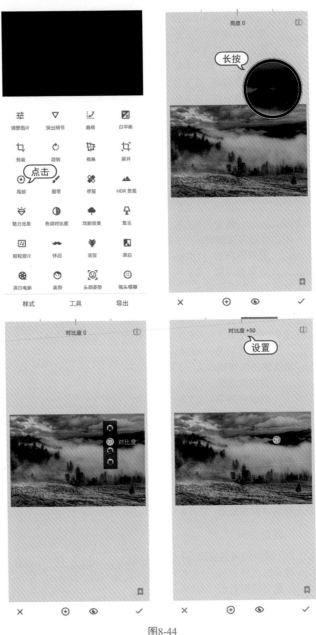

图8-44

Step 05 调整完毕后，点击屏幕右下角的【确认】按钮 ✓，确认图片调整操作，效果如图8-45所示。

Step 06 点击屏幕右下角的【导出】按钮，在弹出的菜单中选择【保存】选项，如图8-46所示。

图8-45   图8-46

Step 07 保存修改后，照片的前后效果对比如图8-47所示。

图8-47

8.2.3   将彩色照片转换为黑白照片

Snapseed中的黑白滤镜原理是传统摄影中的暗室技术，可改变照片的调色风格并增加柔化效果，从而创建出忧郁的黑白色调效果，其中的【中性】选项可以增加柔化效果，从而使照片变得更好看。下面介绍将彩色照片转换为黑白照片的操作方法。

Step 01 在Snapseed中打开一张照片，如图8-48所示。

Step 02 打开【工具】菜单，点击【黑白】工具图标，如图8-49所示。

手机摄影与后期处理

图8-48　　　　　　　　　　　　　图8-49

Step 03 在黑白界面中，点击屏幕下方的【类型】按钮🖌，选择【中性】选项。再点击屏幕下方的【颜色球】按钮◉，选择【绿】颜色球选项，完成后点击屏幕右下角的【确认】按钮✓，如图8-50所示。

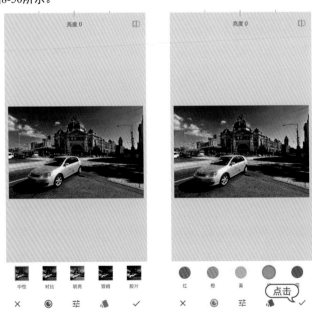

图8-50

188

Step 04 打开【工具】菜单，点击【突出细节】工具图标，进入其调整界面。点击屏幕下方的【选项】按钮 茟，在打开的菜单中选择【结构】选项，在手机屏幕最上方一行向左滑动屏幕，调整【结构】参数的数值为-20。使用同样的方法，设置【锐化】的参数数值为30，如图8-51所示。

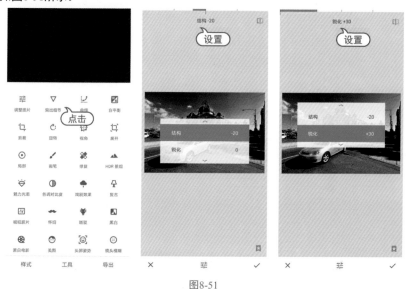

图8-51

Step 05 调整完毕后，点击屏幕右下角的【确认】按钮 ✓，确认图片调整操作，效果如图8-52所示。

Step 06 点击屏幕右下角的【导出】按钮，在弹出的菜单中选择【保存】选项，如图8-53所示。

图8-52　　　　　　　图8-53

Step 07 保存修改后，照片的前后效果对比如图8-54所示。

图8-54

8.2.4 为照片添加电影质感

电影中一些画面的优美色调和质感使人过目不忘。其实使用Snapseed也可以把照片调出电影中的画面效果，添加电影质感的重点在于突出画面颜色的深度和灰度。下面介绍为照片添加电影质感的操作方法。

Step 01 在Snapseed中打开一张照片，如图8-55所示。

Step 02 打开【工具】菜单，点击【曲线】工具图标，如图8-56所示。

图8-55

图8-56

Step 03 在曲线界面中的合适位置点击，在曲线上添加一个关键帧，拖动调整曲线，完成后点击屏幕右下角的【确认】按钮 ✓，如图8-57所示。

图8-57

Step 04 打开【工具】菜单，点击【黑白电影】工具图标，如图8-58所示，进入其调整界面。选择下方的C02样式选项。

图8-58

Step 05 调整完毕后，点击屏幕右下角的【确认】按钮 ✓，确认图片调整操作，效果如图8-59所示。

Step 06 点击屏幕右下角的【导出】按钮，在弹出的菜单中选择【保存】选项，如图8-60所示。

图8-59 　　　　　　　　　　图8-60

Step 07 保存修改后，照片的前后效果对比如图8-61所示。

图8-61

8.2.5　添加强烈的光影对比

　　夕阳是摄影师经常拍摄的风景主题之一，当拍摄的夕阳照片色彩对比不明显时，可以在后期处理中通过改变饱和度来调整照片，通过白平衡里的色温来完善整体的色彩，最后再结合结构和锐化操作对图片的色彩和影调进行修饰。下面介绍为照片添加强烈光影对比的操作方法。

Step 01 在Snapseed中打开一张照片，如图8-62所示。

Step 02 打开【工具】菜单，点击【调整图片】工具图标，如图8-63所示。

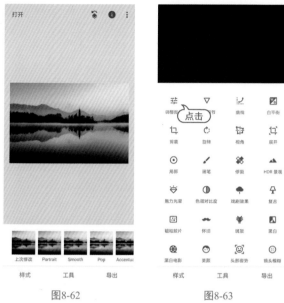

图8-62　　　　　　　　　　　图8-63

Step 03 点击屏幕下方的【选项】按钮 ，在打开的菜单中选择【饱和度】选项，在手机屏幕最上方一行向右滑动屏幕，调整【饱和度】参数的数值为50，如图8-64所示。

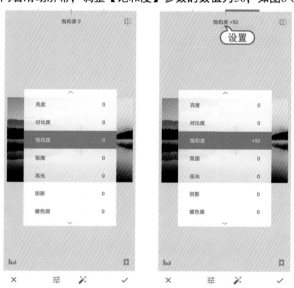

图8-64

Step 04 使用同样的方法，分别选择【氛围】【高光】和【阴影】选项，然后依次设置【氛围】的参数数值为30、【高光】的参数数值为-40和【阴影】的参数数值为-20，完成后点击屏幕右下角的【确认】按钮 ，如图8-65所示。

手机摄影与后期处理

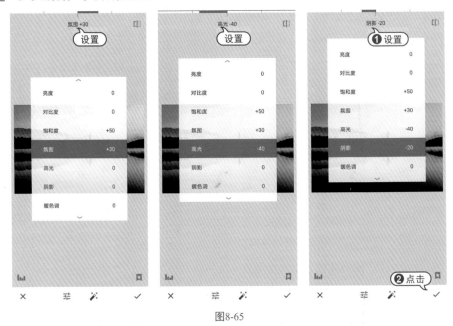

图8-65

Step 05 打开【工具】菜单，点击【白平衡】工具图标，进入其调整界面。点击屏幕下方的【选项】按钮 ，在打开的菜单中选择【色温】选项，在手机屏幕最上方一行向右滑动屏幕，调整【色温】参数的数值为20，完成后点击屏幕右下角的【确认】按钮 ✓，如图8-66所示。

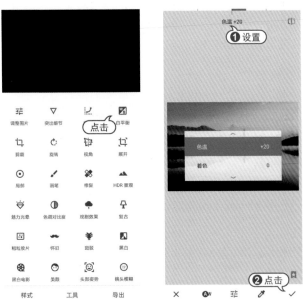

图8-66

Step 06 打开【工具】菜单，点击【突出细节】工具图标，进入其调整界面。分别选择【结构】和【锐化】选项，然后依次设置【结构】的参数数值为15、【锐化】的参数数值为15，如图8-67所示。

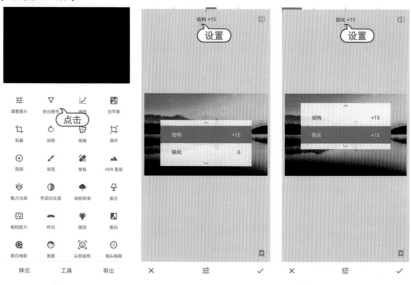

图8-67

Step 07 调整完毕后，点击屏幕右下角的【确认】按钮 ✓，确认图片调整操作，效果如图8-68所示。

Step 08 点击屏幕右下角的【导出】按钮，在弹出的菜单中选择【保存】选项，如图8-69所示。

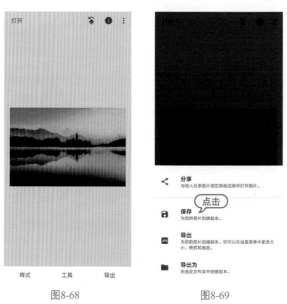

图8-68　　　　　　图8-69

Step 09 保存修改后，照片的前后效果对比如图8-70所示。

图8-70

8.2.6　为照片添加秋天的氛围

　　我们在Snapseed中处理照片时运用白平衡、突出细节和调整图片等功能，可以加强照片明暗的对比和层次，营造出金秋十月的氛围。下面介绍为照片添加秋天氛围的操作方法。

Step 01 在Snapseed中打开一张照片，如图8-71所示。

Step 02 打开【工具】菜单，点击【白平衡】工具图标。点击屏幕下方的【选项】按钮 ，在打开的菜单中选择【色温】选项，在手机屏幕最上方一行向右滑动屏幕，调整【色温】参数的数值为30，完成后点击屏幕右下角的【确认】按钮 ，如图8-72所示。

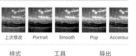

　　　　图8-71　　　　　　　　　　　　　　图8-72

Step 03 打开【工具】菜单，点击【突出细节】工具图标。点击屏幕下方的【选项】按钮 ，在打开的菜单中选择【锐化】选项，在手机屏幕最上方一行向右滑动屏幕，调整【锐化】参数的数值为25，完成后点击屏幕右下角的【确认】按钮 ，如图8-73所示。

图8-73

Step 04 打开【工具】菜单，点击【调整图片】工具图标。点击屏幕下方的【选项】按钮 芏 ，在打开的菜单中选择【饱和度】选项，在手机屏幕最上方一行向右滑动屏幕，调整【饱和度】参数的数值为15，如图8-74所示。

图8-74

Step 05 使用同样的方法，分别选择【暖色调】和【氛围】选项，然后依次设置【暖色调】的参数数值为70、【氛围】的参数数值为10，如图8-75所示。

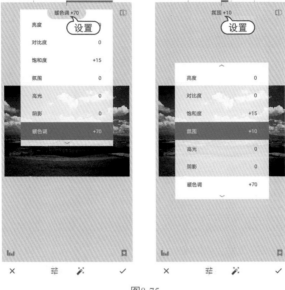

图8-75

Step 06 调整完毕后，点击屏幕右下角的【确认】按钮 ✓ ，确认图片调整操作，效果如图8-76所示。

Step 07 点击屏幕右下角的【导出】按钮，在弹出的菜单中选择【保存】选项，如图8-77所示。

图8-76　　　　　　图8-77

Step 08 保存修改后，照片的前后效果对比如图8-78所示。

图8-78

8.3 使用滤镜工具

滤镜在照片中的运用非常重要，只要拿捏得恰到好处，就能创造出令人震惊的照片效果。在后期处理中，可以通过不同的滤镜选择，使光影不足的风光照片变得更加完美。本节主要介绍使用Snapseed中的各种滤镜效果对照片进行后期调色的相关操作和技巧。

8.3.1 为照片添加柔和效果

在照片上使用魅力光晕滤镜，可以使照片变得更加柔和，让照片看起来效果更好。下面介绍为照片添加柔和效果的操作方法。

Step 01 在Snapseed中打开一张照片，如图8-79所示。

Step 02 打开【工具】菜单，点击【魅力光晕】工具图标，如图8-80所示。

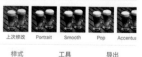

图8-79　　　　　　　　　　　图8-80

手机摄影与后期处理

Step 03 在屏幕下方选择4样式选项，点击【选项】按钮 ⚏，在打开的菜单中选择【光晕】选项，如图8-81所示。

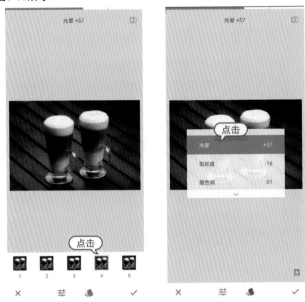

图8-81

Step 04 在手机屏幕最上方一行向右滑动屏幕，调整【光晕】参数的数值为80。使用同样的方法，设置【饱和度】参数的数值为-30，如图8-82所示。

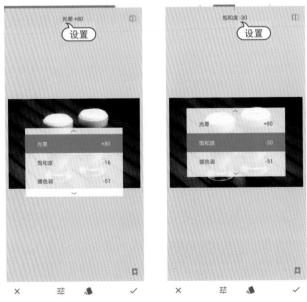

图8-82

200

Step 05 调整完毕后，点击屏幕右下角的【确认】按钮 ✓，确认图片调整操作，效果如图8-83所示。

Step 06 点击软件右下角的【导出】按钮，在弹出的菜单中选择【保存】选项，如图8-84所示。

图8-83

图8-84

Step 07 保存修改后，照片的前后效果对比如图8-85所示。

图8-85

8.3.2 精确设置照片曝光

一般情况下，刚拍摄出来的风光照片的画面都会整体偏浑浊，需要在后期处理中使用色调对比度对照片的色调进行调整，以使照片变得更加清晰。下面介绍精确设置照片曝光的操作方法。

Step 01 在Snapseed中打开一张照片，如图8-86所示。

Step 02 打开【工具】菜单，点击【色调对比度】工具图标，如图8-87所示。

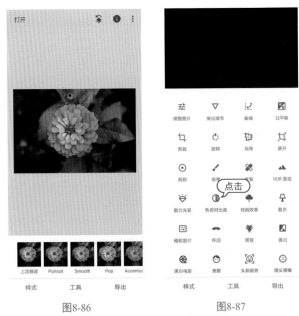

图8-86　　　　　　　　　　　图8-87

Step 03 点击屏幕下方的【选项】按钮 ❖，在打开的菜单中选择【高色调】选项，在手机屏幕最上方一行向右滑动屏幕，调整【高色调】参数的数值为80，如图8-88所示。

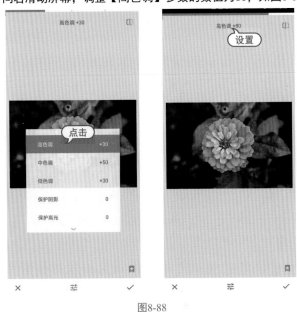

图8-88

Step 04 使用同样的方法，分别选择【中色调】【低色调】【保护阴影】和【保护高光】选项，然后依次设置【中色调】的参数数值为75、【低色调】的参数数值为70、【保护阴影】的参数数值为20和【保护高光】的参数数值为60，如图8-89所示。

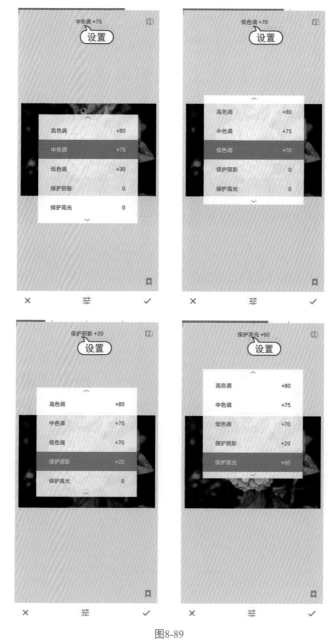

图8-89

Step 05 调整完毕后，点击屏幕右下角的【确认】按钮 ✓，确认图片调整操作，效果如图8-90所示。

Step 06 点击屏幕右下角的【导出】按钮，在弹出的菜单中选择【保存】选项，如图8-91所示。

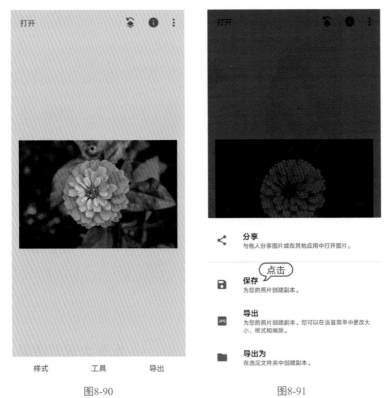

图8-90   图8-91

Step 07 保存修改后，照片的前后效果对比如图8-92所示。

图8-92

8.3.3 精确调整环境的视觉效果

对于风光摄影照片来说，良好的影调分布能够体现光线的美感。用户可以在后期处理中通过Snapseed中的HDR景观功能，调整照片的光线视觉效果。利用该功能用户还可以改变照片亮度和饱和度的效果。下面介绍精确调整环境视觉效果的操作方法。

Step 01 在Snapseed中打开一张照片，如图8-93所示。

Step 02 打开【工具】菜单，点击【HDR景观】工具图标，如图8-94所示。

图8-93   图8-94

Step 03 在HDR景观界面中，默认选择的是【自然】样式选项，分别点击【人物】样式、【精细】样式和【强】样式，可以得到照片的不同效果，如图8-95所示。

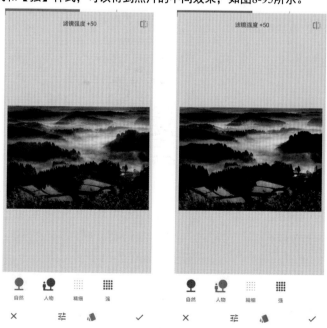

图8-95

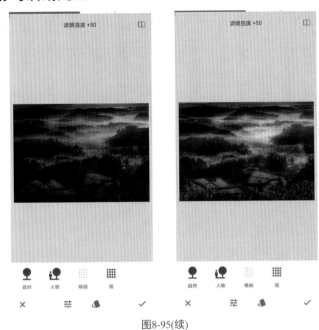

图8-95(续)

Step 04 选择【自然】样式选项，点击屏幕下方的【选项】按钮 ，在打开的菜单中选择【滤镜强度】选项，在手机屏幕最上方一行向右滑动屏幕，调整【滤镜强度】参数的数值至80，如图8-96所示。

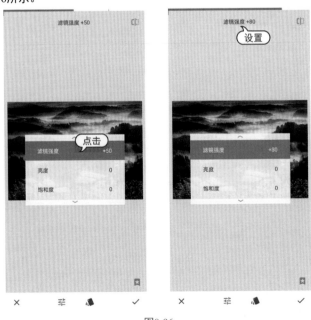

图8-96

Step 05 调整完毕后，点击屏幕右下角的【确认】按钮 ✓，确认图片调整操作，效果如图8-97所示。

Step 06 点击屏幕右下角的【导出】按钮，在弹出的菜单中选择【保存】选项，如图8-98所示。

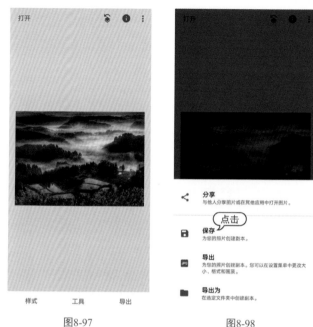

图8-97   图8-98

Step 07 保存修改后，照片的前后效果对比如图8-99所示。

图8-99

8.3.4 为照片添加斑驳效果

在后期处理中，使用Snapseed的斑驳效果功能可以调整照片的样式参数，使照片更具视觉冲击力，使照片的主题更加突出，能更好地表达出照片中的含义。下面介绍为照片添加斑驳效果的操作方法。

Step 01 在Snapseed中打开一张照片，如图8-100所示。

Step 02 打开【工具】菜单，点击【斑驳】工具图标，如图8-101所示。

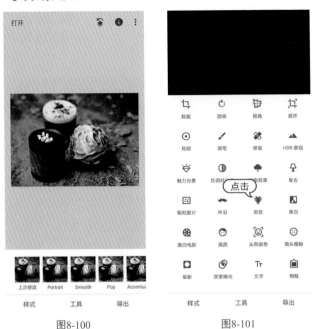

图8-100   图8-101

Step 03 在斑驳效果界面中，默认显示随机样式，点击屏幕下方的【样式】按钮↘，在上方的样式列表框中分别选择1样式选项和3样式选项，可以得到照片的不同效果，如图8-102所示。

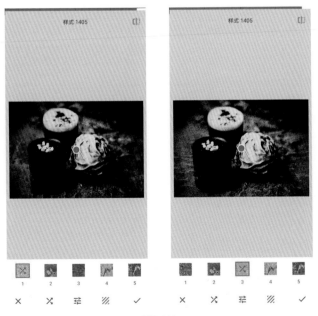

图8-102

Step 04 选择5样式选项，点击屏幕下方的【选项】按钮 莘，在打开的菜单中选择【饱和度】选项，在手机屏幕最上方一行向右滑动屏幕，调整【饱和度】参数的数值为50，如图8-103所示。

图8-103

Step 05 调整完毕后，点击屏幕右下角的【确认】按钮 ✓，确认图片调整操作，效果如图8-104所示。

Step 06 点击屏幕右下角的【导出】按钮，在弹出的菜单中选择【保存】选项，如图8-105所示。

图8-104   图8-105

Step 07 保存修改后，照片的前后效果对比如图8-106所示。

图8-106

8.3.5　为照片添加复古效果

复古风格是很多摄影师常用的滤镜效果，Snapseed提供了多种复古风格的滤镜，给照片使用这些特殊的滤镜效果，可以制作出不同风格的特效。下面介绍为照片添加复古效果的操作方法。

Step 01 在Snapseed中打开一张照片，如图8-107所示。

Step 02 打开【工具】菜单，点击【复古】工具图标，如图8-108所示。

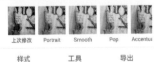

图8-107　　　　　　　　　　　　图8-108

Step 03 在复古效果界面中，默认显示随机样式，分别点击3样式选项、4样式选项、7样式选项和9样式选项，可以得到照片的不同效果，如图8-109所示。

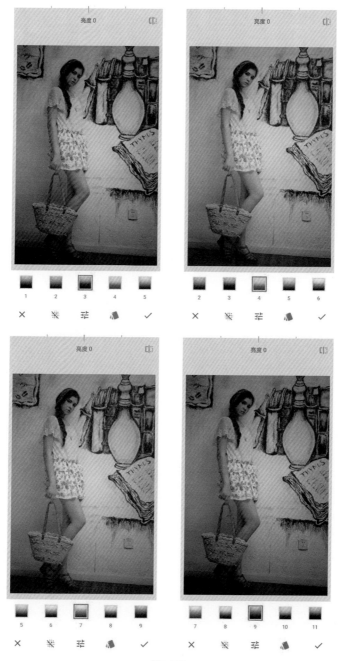

图8-109

Step 04 选择11样式选项，点击屏幕下方的【选项】按钮，在打开的菜单中选择【亮度】选项，在手机屏幕最上方一行向左滑动屏幕，调整【亮度】参数的数值为-25，如图8-110所示。

图8-110

Step 05 使用同样的方法，设置【饱和度】参数的数值为-25，如图8-111所示。

Step 06 点击屏幕下方的【模糊】按钮，在照片主体上添加一些模糊效果，如图8-112所示。

图8-111　　　　　　　　　　图8-112

Step 07 调整完毕后，点击屏幕右下角的【确认】按钮 ✓，确认图片调整操作，效果如图8-113所示。

Step 08 点击屏幕右下角的【导出】按钮，在弹出的菜单中选择【保存】选项，如图8-114所示。

样式　　　工具　　　导出

图8-113　　　　　　　　　　　　　　图8-114

Step 09 保存修改后，照片的前后效果对比如图8-115所示。

图8-115

8.3.6 为照片添加怀旧效果

　　在Snapseed中，使用怀旧功能可以给建筑、风景或家具等照片调出怀旧的风格，还可以根据不同的照片，调出不同的怀旧风格，使照片更加符合旧时代的特点，更容易使人产生一种怀旧的情感。下面介绍为照片添加怀旧效果的操作方法。

Step 01 在Snapseed中打开一张照片，如图8-116所示。

Step 02 打开【工具】菜单，点击【怀旧】工具图标，如图8-117所示。

图8-116　　　　　　　　　　图8-117

Step 03 在怀旧效果界面中，默认显示随机样式，分别点击1样式选项、2样式选项、3样式选项和5样式选项，可以得到照片的不同效果，如图8-118所示。

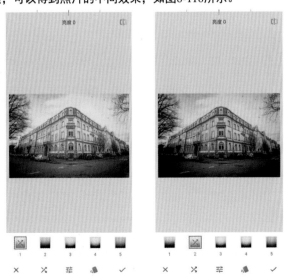

图8-118

214

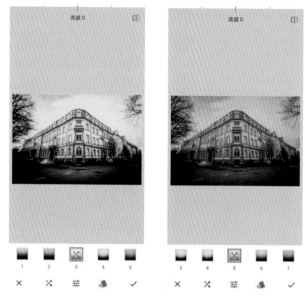

图8-118(续)

Step 04 选择11样式选项，点击屏幕下方的【选项】按钮 ‡， 在打开的菜单中选择【亮度】选项，在手机屏幕最上方一行向左滑动屏幕，调整【亮度】参数的数值至-30，如图8-119所示。

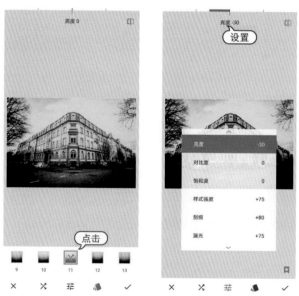

图8-119

Step 05 使用同样的方法，分别选择【对比度】和【饱和度】选项，然后依次设置【对比度】的参数数值为-30、【饱和度】的参数数值为30，如图8-120所示。

图8-120

Step 06 调整完毕后，点击屏幕右下角的【确认】按钮 ✓，确认图片调整操作，效果如图8-121所示。

Step 07 点击屏幕右下角的【导出】按钮，在弹出的菜单中选择【保存】选项，如图8-122所示。

图8-121　　　　　　　图8-122

216

Step 08 保存修改后，照片的前后效果对比如图8-123所示。

图8-123

8.4 使用文字工具

Snapseed软件提供了给照片添加文字的各种方法，而且还能自定义文字内容，让用户的创意尽情发挥，可以使用用户轻松制作出精美的文字效果。本节主要介绍在照片中添加文字的相关操作和技巧。

8.4.1 为照片添加简单文字效果

在后期给拍摄的风光照片修图时，很多人喜欢给照片添加一些文字来起到附加说明的作用，通过对照片添加文字，能使照片变得更加有特点，同时也点明了照片的主题思想。下面介绍为照片添加简单文字效果的操作方法。

Step 01 在Snapseed中打开一张照片，如图8-124所示。

Step 02 打开【工具】菜单，点击【文字】工具图标，如图8-125所示。

图8-124

图8-125

Step 03 在文字设置界面下方显示了多种文字样式，点击【在此处点按两次即可更改文本】字样，在弹出的【文字】输入窗口中输入相应的文字内容，如图8-126所示。输入完毕后点击【确定】按钮。

图8-126

Step 04 在屏幕下方的文字样式选项栏中向左滑动屏幕，选择L1文字样式选项，如图8-127所示。

Step 05 点击屏幕下方的【颜色】按钮，在显示的颜色条中选择第5个颜色，如图8-128所示。

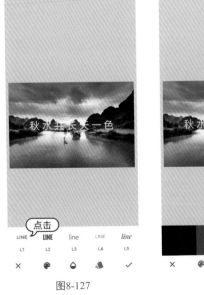

图8-127   图8-128

Step 06 在屏幕上方按住文字所在的区域,然后把文字拖动到照片中适当的位置,如图8-129所示。

Step 07 调整完毕后,点击屏幕右下角的【确认】按钮 ✓,确认图片调整操作,效果如图8-130所示。

Step 08 点击屏幕右下角的【导出】按钮,在弹出的菜单中选择【保存】选项,如图8-131所示。

图8-129

图8-130

图8-131

Step 09 保存修改后,照片的前后效果对比如图8-132所示。

图8-132

8.4.2 制作海报文字效果

用户可以在后期处理图片的过程中通过Snapseed中的文字功能,制作与图片的图形、色彩等要素呼应的文字效果,使图片具备海报的特色。下面介绍制作海报文字效果的操作方法。

Step 01 在Snapseed中打开一张照片,如图8-133所示。

手机摄影与后期处理

Step 02 打开【工具】菜单，点击【文字】工具图标，如图8-134所示。

图8-133　　　　　　　　　　　　图8-134

Step 03 在文字设置界面中点击【在此处点按两次即可更改文本】字样，在弹出的【文字】输入窗口中输入相应的文字内容，如图8-135所示。输入完毕后点击【确定】按钮。

图8-135

Step 04 在屏幕下方的文字样式选项栏中向右滑动屏幕，选择L2文字样式选项，如图8-136所示。

Step 05 在屏幕上方按住文字所在的区域，然后把文字拖动到照片中适当的位置，如图8-137所示。

图8-136　　　　　　　　　　　图8-137

Step 06 点击屏幕下方的【水滴】按钮○，在显示的界面中点击【倒置】选项，如图8-138所示。

Step 07 调整完毕后，点击屏幕右下角的【确认】按钮✓，确认图片调整操作，效果如图8-139所示。

Step 08 点击屏幕右下角的【导出】按钮，在弹出的菜单中选择【保存】选项，如图8-140所示。

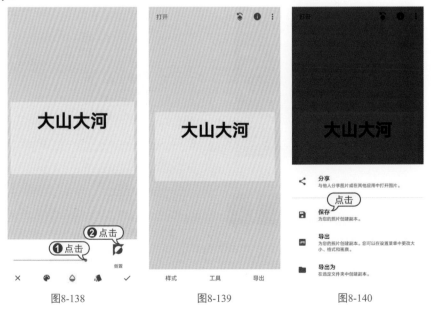

图8-138　　　　　　　　　　图8-139　　　　　　　　　　图8-140

Step 09 保存修改后，照片的前后效果对比如图8-141所示。

图8-141

8.4.3 为照片添加边框效果

　　添加边框也是后期处理照片时不可缺少的步骤，好看又合适的边框效果可以增加照片的艺术感。下面介绍为照片添加边框效果的操作方法。

Step 01 在Snapseed中打开一张照片，如图8-142所示。

Step 02 打开【工具】菜单，点击【文字】工具图标，如图8-143所示。

图8-142　　　　　　　　　　　　图8-143

Step 03 在文字设置界面中点击【在此处点按两次即可更改文本】字样，在弹出的【文字】输入窗口中输入一个空格，如图8-144所示。输入完毕后点击【确定】按钮。

222

图8-144

Step 04 在屏幕下方的文字样式选项栏中向右滑动屏幕，选择N2文字样式选项，如图8-145所示。

Step 05 用食指和中指点击图形，滑动屏幕将其放大，然后移动图形样式到照片的中间位置，如图8-146所示。

图8-145　　　　　　　　　　　图8-146

Step 06 点击屏幕下方的【水滴】按钮 ⬡，在显示的界面中点击【倒置】选项，如图8-147所示。

Step 07 点击屏幕下方的【颜色】按钮 🎨，在显示的颜色条中选择第10个颜色选项，如图8-148所示。

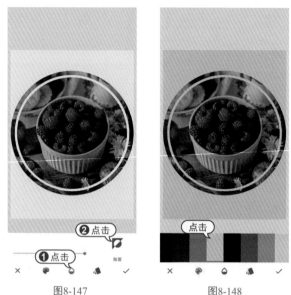

图8-147　　　　　　　　　图8-148

Step 08 调整完毕后，点击屏幕右下角的【确认】按钮 ✓，确认图片调整操作，效果如图8-149所示。

Step 09 点击屏幕右下角的【导出】按钮，在弹出的菜单中选择【保存】选项，如图8-150所示。

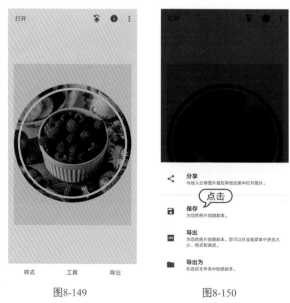

图8-149　　　　　　　　　图8-150

Step 10 保存修改后，照片的前后效果对比如图8-151所示。

图8-151

8.4.4 制作淡入淡出文字效果

为风光照片添加文字时，如果文字样式太正式会显得有些单调乏味，用户可以给文字添加一些淡入淡出的效果，使文字底部呈现虚化的特效。下面介绍制作淡入淡出文字效果的操作方法。

Step 01 在Snapseed中打开一张照片，如图8-152所示。

Step 02 打开【工具】菜单，点击【文字】工具图标，如图8-153所示。

图8-152　　　　　　　　图8-153

手机摄影与后期处理

Step 03 在文字设置界面中点击【在此处点按两次即可更改文本】字样，在弹出的【文字】输入窗口中输入相应的文字内容，如图8-154所示。输入完毕后点击【确定】按钮。

图8-154

Step 04 在屏幕下方的文字样式选项栏中向右滑动屏幕，选择L2文字样式选项，如图8-155所示。

Step 05 点击屏幕下方的【颜色】按钮，在显示的颜色条中选择倒数第5个颜色，如图8-156所示。

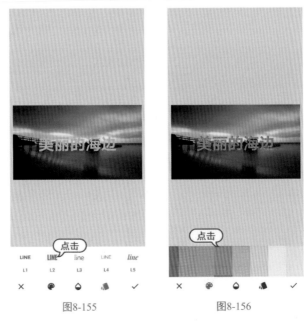

图8-155   图8-156

Step 06 在屏幕上方按住文字所在的区域，然后把文字拖动到照片中适当的位置，如图8-157所示。调整完毕后点击软件右下角的【确认】按钮✓返回主界面。

Step 07 点击屏幕右上角的【撤销】按钮❖，在界面底部弹出的列表框中选择【查看修改内容】选项，如图8-158所示。

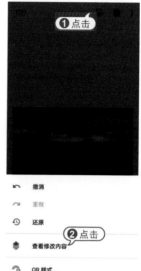

图8-157　　　　　　　　　　　图8-158

Step 08 此时可以看到屏幕右下方弹出【文字】和【原图】两个选项，点击【文字】选项，在弹出的工具栏中点击【画笔】按钮，如图8-159所示。

图8-159

Step 09 此时进入蒙版界面，图片下方有一个【文字100】的数值，点击两边的上、下箭头可以调高或降低数值，通过改变这个数值来调整蒙版的效果，如图8-160所示。

Step 10 在蒙版界面中点击下方的【倒置】按钮，将【文字】的数值调至0，如图8-161所示，放大屏幕，对图片中的文字底部进行擦除操作。

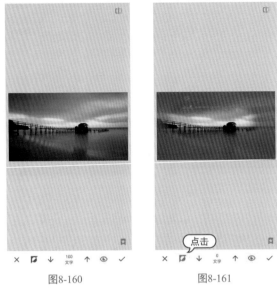

图8-160   图8-161

Step 11 调整完毕后，点击屏幕右下角的【确认】按钮 ✓，确认图片调整操作，效果如图8-162所示。

Step 12 点击屏幕右下角的【导出】按钮，在弹出的菜单中选择【保存】选项，如图8-163所示。

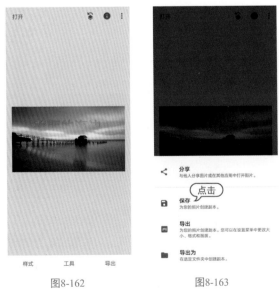

图8-162   图8-163

Step 13 保存修改后，照片的前后效果对比如图8-164所示。

图8-164

8.5 局部精细化修图

修图是照片发朋友圈之前必须经历的操作，修过的照片更精致。在Snapseed的后期处理中，就有很多局部精细修图的方法，能使同一张照片呈现出多种不一样的风格，让照片有一个更为生动的展现。本节主要介绍在照片中进行局部精细化修图的相关操作和技巧。

8.5.1 制作黑色背景图效果

黑色背景就是将照片画面中背景的颜色去掉，只保留主题的颜色，在Snapseed中就能轻松实现这种效果，使照片更有意境和魅力。下面介绍制作黑色背景图效果的操作方法。

Step 01 在Snapseed中打开一张照片，如图8-165所示。

Step 02 打开【工具】菜单，点击【局部】工具图标，如图8-166所示。

图8-165

图8-166

Step 03 点击软件界面下方的加号按钮，在图片上添加8个【亮】字样图标按钮，分散在背景图上。接下来依次将这8个图标按钮拖动到合适的位置，如图8-167所示。

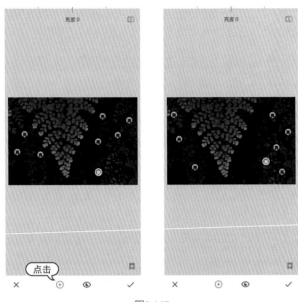

图8-167

Step 04 点击左上角的【亮】字样图标按钮，向左滑动屏幕，设置【亮度】的参数数值为-100。使用同样的方法设置其他【亮】字样图标按钮的【亮度】参数数值为-100，如图8-168所示。

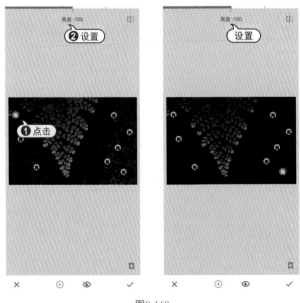

图8-168

Step 05 调整完毕后，点击屏幕右下角的【确认】按钮 ✓，确认图片调整操作，效果如图8-169所示。

Step 06 点击屏幕右下角的【导出】按钮，在弹出的菜单中选择【保存】选项，如图8-170所示。

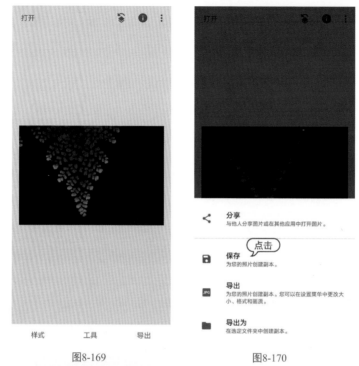

图8-169   图8-170

Step 07 保存修改后，照片的前后效果对比如图8-171所示。

图8-171

8.5.2　在照片中只保留主体颜色

我们拍摄的花卉照片中，花太多就会使照片看上去很杂乱。这时通过Snapseed的后期处理技巧就可以只保留主体颜色来突出要表现的主体内容。下面介绍在照片中只保留主体颜色的操作方法。

Step 01 在Snapseed中打开一张照片，如图8-172所示。

Step 02 打开【工具】菜单，点击【黑白】工具图标，如图8-173所示。

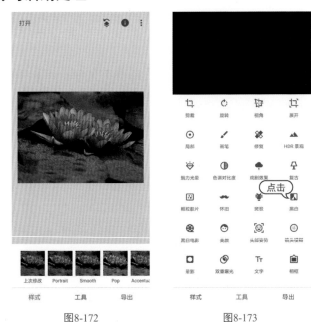

图8-172   图8-173

Step 03 点击屏幕下方的【类型】按钮 ![icon]，在上方选择【昏暗】选项，如图8-174所示，完成后点击屏幕右下角的【确认】按钮 ✓ 返回主界面。

Step 04 点击屏幕右上角的【撤销】按钮 ![icon]，在界面底部弹出的列表框中选择【查看修改内容】选项，如图8-175所示。

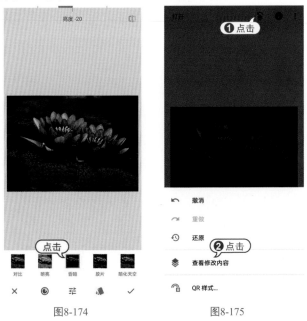

图8-174   图8-175

Step 05 此时可以看到屏幕右下方弹出【黑白】和【原图】两个选项,点击【黑白】选项,在弹出的工具栏中点击【画笔】按钮,如图8-176所示。

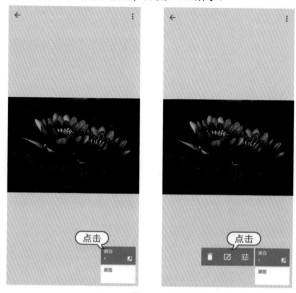

图8-176

Step 06 此时进入蒙版界面,图片下方有一个【黑白0】的数值,点击两边的上、下箭头可以调高或降低数值,通过改变这个数值来调整蒙版的效果,如图8-177所示。

Step 07 在蒙版界面中点击下方的【隐藏】按钮,将【黑白】的数值调至100,如图8-178所示,放大屏幕,对图片中荷花的周围进行擦除操作。

图8-177

图8-178

手机摄影与后期处理

Step 08 调整完毕后，点击屏幕右下角的【确认】按钮 ✓，确认图片调整操作，效果如图8-179所示。

Step 09 点击屏幕右下角的【导出】按钮，在弹出的菜单中选择【保存】选项，如图8-180所示。

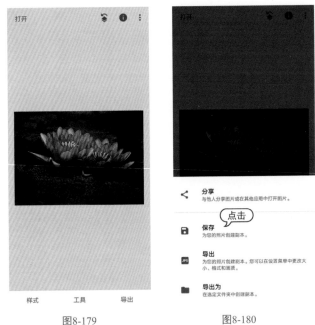

样式　　　　工具　　　　导出

图8-179　　　　　　　　　　图8-180

Step 10 保存修改后，照片的前后效果对比如图8-181所示。

图8-181